BASIC
MASTER
SERIES **481**

はじめてのPython
AI プログラミング

金城 俊哉

秀和システム

Python AIプログラマーへの扉を開こう！

　2016年4月の「PYPL PopularitY of Programming Language Index」が公開されました。PYPLはGoogle検索エンジンにおいてプログラミング言語のチュートリアルが検索された回数から、対象となるプログラミング言語がどれだけ話題になっているかをインデックス化したものです。これによると、PythonはJava言語に次ぐ第2位の座をキープしています。

　いろんな分野で使用されるJavaが、ほかのプログラミング言語と比較して2倍以上のシェアを確保していることを考慮すれば、Pythonの人気度がすごいことがわかります。

　求人検索エンジン「スタンバイ」を運営するビズリーチが発表した「プログラミング言語別の平均年収ランキング」では、Pythonが1位の座を獲得しています。機械学習や人工知能（AI）ブームを受け、需要が急激に高まっているのがその理由のようです。最近、話題になった感情認識ヒューマノイドロボット「Pepper（ペッパー）」の人工知能はPythonで開発されています。

　そんなこともあって、この本では「Pythonを使ってAIプログラミングをやってみよう」をテーマに、Pythonのプログラムの作り方を解説しました。とはいえ、コードの書き方からはじめて、Pythonの文法を基本の「き」からていねいに解説しました。

　AIプログラミングと聞くと、非常に難解な数式とかを使ってとっても難しいことをするイメージがありますが、AIプログラミングの入門の入門くらいの気持ちでこの本を読んでもらえればと思います。Pythonの学習の題材としてのAIプログラミングですので、プログラミングがはじめての方でも戸惑うようなことはないかと思います。

　さて、本書で作るAIプログラムはいわゆる会話ボットの類のものですが、こちらのアクションに何かの反応が返ってきたときの面白さはじゅうぶんに味わってもらえると思います。その面白さでモチベーションを保ちつつ、毎日、しっかり学習できるように、Chapter2のセクション03から最後のChapter7までは30のステップで構成しました。1日1つのセクションを読んでもらえれば、「30日間」で学習できます。

　本書がPythonプログラミングの楽しさを実感するきっかけとなることを願っております。

2016年10月

金城俊哉

Contents

Chapter 1

至急求む、
Pythonできる人！

01 それは1通のメールから はじまった

この本では、主人公である「わたし」自身になりきってPythonプログラミングを体験していただきます。主人公になりきってしまえば、本書は簡単に読み進められるはずです。

至急求む！ Pythonできる人

「python_labo.example.com」からメッセージを受信しました。

…、そう、メールを受信したのはあなた自身です。

> 至急求む、Pythonできる人！　時給応相談

何かのスパムメールじゃない？　時給ってことはアルバイトですよね。でも何やら詳細が書いてあります。

> 人工知能（AI）を搭載したスーパー受験生ロボット「レイ」の開発アシスタント。
>
> 年齢、性別不問。
>
> プログラミング初心者大歓迎。
>
> 担当：パイソンロボット研究所 パイソン博士

Pythonできる人。しかも「初心者大歓迎」？何コレ。

この本の登場人物とアイテム

わたし

この本を読んでいるあなた自身。文系の大学に在学中であるが、たまたま届いたバイト求人サイトからのメールをきっかけに、パイソンロボット研究所でバイトをはじめることに。

パイソン博士

Pythonとマージャンにはめっぽう強い。受験生型ロボットを開発中。受験生型がどんなものなのか意味不明ではあるが、頭脳明晰なものにしたいらしい。

レイ

研究員不足で、まだ自分の名前さえ言うことができないスーパー受験生型ロボット。

マニュアル

博士が新人研修用に書いたPythonのプログラミングマニュアル。レイの開発に関するヒントがいっぱい詰まっているらしい。

Chapter 1

Chapter 2

Chapter 3

Chapter 4

Chapter 5

Chapter 6

Chapter 7

02 そもそもPythonって何？から調べたよ

募集要項には「初心者大歓迎」って書いてあるけど、Pythonってプログラミング初心者でも大丈夫なのかな？　まずは、Pythonのことを調べてみますか。

それはプログラミング言語とソフトウェア

わたし

　ある調査によるとプログラミング言語の人気度で、Pythonは1位のJavaに次ぐ2位の座を獲得しているみたいです。いろんな分野で使われるJavaは別格として、Pythonが2位に食い込んでいるのはスゴイことなんですって。

　Pythonは、オランダ人のグイド・ヴァンロッサム氏が開発し、1991年に登場したプログラミング言語。名前は、イギリスのテレビ局BBCが製作したコメディ番組「空飛ぶモンティ・パ

イソン」に由来するとのこと。由来するに至った経緯は不明。たぶん、そのテレビ番組に出ていたコメディアンのファンだったんでしょうね。

　Pythonという単語は、爬虫類のニシキヘビを示すことから、Python言語のマスコットやアイコンとして使われているのだとか。そういえば、多くのPythonの解説書の表紙にヘビの絵が使われているのはそんな理由があったのです。

「Python」と呼べば何を指す？

わたし

　は？　Pythonってプログラムのことでしょ？　実はPythonという言葉には、「プログラミング言

語としてのPython」と「ソフトウェアとしてのPython」の2つの意味があるらしいです。

プログラミング言語としてのPython

　プログラミング言語には、それぞれ「○○流」といった書き方があるように、同じような英語のソースコードであっても、使われる単語や書く順番などが異なることを**文法**と呼ぶ。

　なるほど、「Pythonのプログラムを書く」という場合のPythonは、Pythonの文法のことを指す、ということなんですね。

　そもそも「プログラミング」っていうと、コンピューターに指令を出す命令文を書くことを指し、この命令文のことを**ソースコード**と呼ぶんだそうです。

　Pythonのソースコードの書き方もほかのプログラミング言語と同じように、英語と記号を並べて英語っぽい書き方をするんです。

ソフトウェアとしての Python

ソフトウェアってコンピューター上で「そのまま動く」のが普通だと思ってたけど、どうやらそうでもないらしいです。もちろん、コンピューター上で直接起動できるプログラムもあって、OSの開発にも使われるCという言語で書かれたプログラムがこれに当たるそう。

コンパイル*って処理を行って「機械語」というものに翻訳する、つまり、「10101000…」のように1と0のデータだけでできているマシン専用の言葉に置き換えれば、コンピューターはこれを理解できるので、即実行が可能。

そもそも、ソースコードはテキスト形式の「人間だけが読めるデータ」なので、コンピューターの種類に合わせてコンパイルしないとプログラムは動いてくれないのですね。つまり、Windowsや Mac、Linux用にコンパイルしないとならないわけです。

「Pythonプログラムを動かすには、専用のソフトウェアが必要です」って、そんなのプログラムじゃないよと思ってはみたものの、（聞くところによると）超有名なJava言語をはじめ、PHPやRuby、さらにはMicrosoft社のVisual C#など、いまをときめくプログラミング言語は、みんな**インタープリター**という専用のソフトウェアで動くのだそう。もちろん、Pythonのプログラムもインタープリターで動きます。

なので「Pythonを入手する」という場合は、Pythonを動かすためのソフトウェア（インタープリター）のことを指すのですね。

◆Python（のインタープリター）を配布している「Python SOFTWARE FOUNDATION」のロゴ

Pythonは書いたらすぐに実行できる「インタープリター型言語」　COLUMN

Pythonの仕組みと似ている言語として、PHP、Ruby、Perlがあって、Pythonを含むこれらの言語はすべて**インタープリター型**と呼ばれる言語に分類される。インタープリター型の言語では、テキスト形式で書いたソースコードをその場で（実行時に）機械語に翻訳してくれるので、プログラムを書いたらすぐに実行することができる？

ナルホド、ソースコードっていうものは英語っぽい書き方をした文字なので、「メモ帳」なんかで扱う

テキスト形式のデータなんですね。で、これを機械語に書き換えるコンパイルって作業を「プログラムの実行時に同時に行う」のです。つまり「翻訳しながら実行」。したがって、事前にコンパイルして実行可能なファイルを作っておく必要がないのですね。

Pythonはコンパイルという「ひと手間」がいらないぶん、手軽に開発できるのがウリなんだとか。コードを書いたらすぐ実行できる、そんな手軽さがインタープリター型言語の強みなのですね。

***コンパイル**　テキストで書かれたソースコードをコンピューターが理解できるマシン語に変換すること。

03 どうして Python ができる人を 求めてるんだろう？

コンピューターが理解できる0と1で構成された命令を、人間が理解しやすい言葉で書くためのものがプログラミング言語ですが、世の中には実に様々な言語が存在します。

⠿ PHP、Ruby、Perl があるのになぜ Python なの？

これら3つのインタープリター型言語は、Webアプリの開発に多く使われているのだそうですが、とりわけオンラインストレージ（インターネット上でファイルを共有するサービス）の「Dropbox」や画像共有アプリ「Instagram（インスタグラム）」、写真共有サイト「Pinterest（ピンタレスト）」などの超有名なWebアプリはPythonで開発されているんだそうです。

また、Google社で開発用の3大言語として位置付けられているのは、C++、Javaに加えてPythonです。C++とかよくわかんないですけど、3大言語の1つがPythonってたぶん、スゴイことなのでしょうね。

Pythonの人気が高いのは、「ソースコードの構文がシンプルなので覚えやすい」ことと、「ソースコードが読みやすいのでメンテナンスしやすい」のが主な理由のようです。

もちろん、人工知能（AI）の開発現場でもPythonは引っ張りだこらしいです。最近、注目を集めた感情認識ヒューマノイドロボット「Pepper（ペッパー）」がありましたが、人工知能はPythonで開発されたそうです。そんなわけでパイソンラボでも、初心者OKのPythonプログラマーを募集しているのでしょう。

◆ Instagram のサイト
（https://www.instagram.com/）

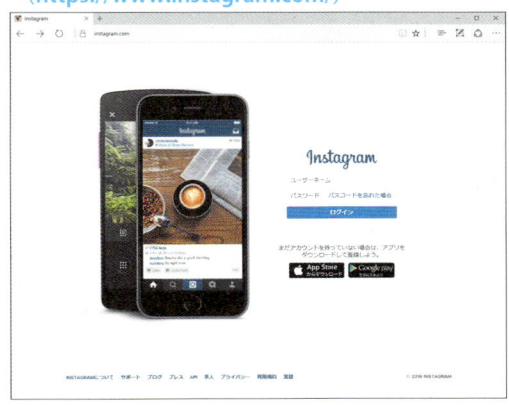

◆ Pinterest のサイト
（https://www.pinterest.com/）

実は"儲かる"Pythonプログラマー

求人検索エンジン「スタンバイ」（https://jp.stanby.com/）が2016年2月に発表した「プログラミング言語別 平均年収ランキング」。スタンバイに掲載されているプログラミング言語別の求人情報から給与金額の平均値を集計したとのことですが、それによると何とPythonが…！

「プログラミング言語別 平均年収ランキング」（求人検索エンジン「スタンバイ」発表）

	言語	年収額	求人掲載数
1位	Python	約651万円	9,175件
2位	Perl	633万円	10,905件
3位	Ruby	606万円	11,694件
4位	C言語	597万円	13,649件
5位	Javascript	555万円	18,298件
6位	PHP	538万円	23,735件
7位	Scala	531万円	557件
8位	Java	500万円	56,753件
9位	Swift	483万円	715件
10位	Objective-C	475万円	3,389件

Pythonプログラマー、ウハウハですネ。Javaの求人件数が群を抜いて多いですが、ランキングの1位に輝いたのは我らがPythonです。

求人件数は2位〜4位の言語とたいして変わりませんが、機械学習（人工知能）のニーズの高まりを受け、需要が急激に高まっているのだそうです。確か、パイソンラボの求人（バイトですが）にも「時給応相談」と書かれてましたので、結構期待しちゃいます。

Pythonのイイところ
COLUMN

Pythonを使うメリットとして次のようなことがいわれています。

・シンプルな言語なのでソースコードがごちゃごちゃすることがない。
・記号を使う場面が少ないので、コードが書きやすい。
・文法が平易なので、習得するのにさほど時間がかからない。
・「めんどくさっ！」と思うような処理には、たいがいカンタンな解決法が用意されている。

・「特例として…」のようなウヤムヤしたものがなく、できることとできないことがハッキリしているのでモヤモヤすることがない。

ざっとこんなところではありますが、書くべきコードの量が少ない、というのは魅力的です。Pythonなら10行程度で済むプログラムをJavaで書くと倍の20行になり、さらにC言語だと40行くらいになることもあるみたいです。

至急求む、Pythonできる人！

04 Pythonはプログラミングの学習に向いてるのデス

米国でもMIT（マサチューセッツ工科大学）をはじめとする名門大学の多くで、プログラミングの入門コースの教材としてPythonを使っているらしいです。

Pythonが褒められる理由

わたし

「Pythonは学習に最適な言語」であって決して「初心者用の言語」ではないようです。

「パワフルなオブジェクト指向言語」というフレーズも目につきます。パワフルって意味がイマイチわかりませんが、Pythonにはいろんなイイコトがあるみたいです。

書くべきコードの量が少ない、というのは魅力的です。Pythonなら10行程度で済むプログラムをJavaで書くと、倍の20行になり、さらにC言語だと40行くらいになることもあるそうです。それぞれの言語の考え方の違いによるものではありますが、楽に書けるってことはアリガタイです。

Pythonが使えると、この先どんなメリットがあるのかなあ？

わたし

海外では超メジャーな言語であるPythonですが、国内における実績はまさに「勢いをもって伸びつつある」といった段階です。

しかし、オンラインストレージ「Dropbox」、画像共有アプリ「Instagram（インスタグラム）」、写真共有サイト「Pinterest」などの超有名なWebサービスがPython製なのは、実はすごいことなのだそう。

知名度が抜群のサービス、とりわけソーシャルアプリのような勢いのある分野でPythonを使う事例が増えるってことは、それだけ将来性があることの証ってことですね。

祝、パート研究員になる

ここまで調べた甲斐あって、難なくパイソンラボの面接をパスし、研究所のアルバイト研究員として採用されることになりました。これからは研究員としての開発の日々がはじまります。

05 この本に書いてあること

この本は「パイソン研究所」にアルバイトとして採用された「わたし」が、研究所の博士の助言を得ながら受験生型ロボット「レイ」を開発していくストーリーです。

泣き笑いあり（？）のAI開発奮闘記

AIの開発といっても身構えることはまったくありません。ヒューマノイドロボットのように感情認識やディープラーニングを搭載した高度なAI（人工知能）をいきなり開発するのではなく、Pythonの標準機能だけで「AIを開発できるようになるための基礎的なスキル」を身に付けます。題材は「受験生型ロボット『レイ』」です。数学や英語の問題を出すと、それに応えてくれる「対話型ボット」の開発を目指します。

Chapter1　プロローグ

現在、読んでいる章です。Pythonがどんなプログラミング言語であるかを紹介しています。

Chapter2　はじめよう！　Python プログラミング！

Pythonをパソコンにインストールして、簡単なプログラムを作成してみます。

Chapter3　「レイ」を電卓レベルまで にしてあげよう

プログラミングの基本「算術演算」というものをやります。「レイ」に数学の問題を出題し、それに答えてもらいます。双方向でやり取りできるプログラムの開発を目指します。

Chapter4　英語はパターンで覚える

英語の動詞を現在分詞や過去形にするのって中々やっかいですよね。これを自動で変換できるようにしてみます。レイに文字列を操作する機能を埋め込みます。

Chapter5　英語は連想式で記憶する

レイに英単語を記憶してもらって、それを使って英作文します。さらに学習機能を埋め込んで、わからない単語は専用のファイルに書き込んで記憶が消えないようにします。

Chapter6　オブジェクト指向とクラス

レイと家庭教師とのやり取りから、本格的なアプリ開発に必須のオブジェクト指向プログラミングについて学びます。

Chapter7　GUI版ロボット「レイ」の 作成

キャラクターベース（CUI）の「レイ」をGUIベースのアプリに昇華させます。デスクトップ型アプリ特有の操作画面にすることで、文字を入力してボタンを押すと応答が返ってくるアプリの開発を目指します。本書の集大成ともなる章です。

Chapter 2

はじめよう！
Pythonプログラミング！

01 PCにPythonをインストールする

さっそくパイソンラボの隅っこに専用のデスクとPCが与えられました。Pythonは入ってないので、マニュアルを読みつつインストールしてみることにします。

Windows版Pythonのダウンロードとインストール

まずは、Windows版のPythonのインストールから。「https://www.python.org/downloads/」にアクセスします。

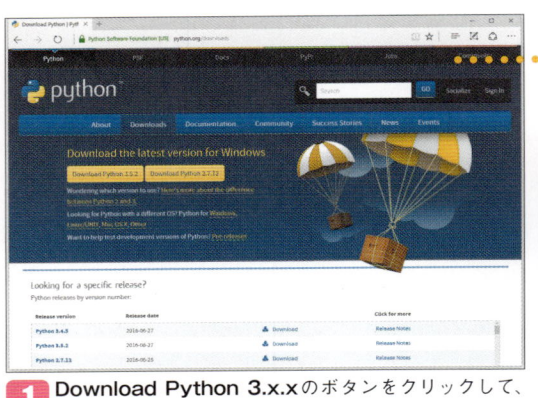

1 **Download Python 3.x.x**のボタンをクリックして、Pythonのダウンロードを開始します。すぐにダウンロードがはじまります。

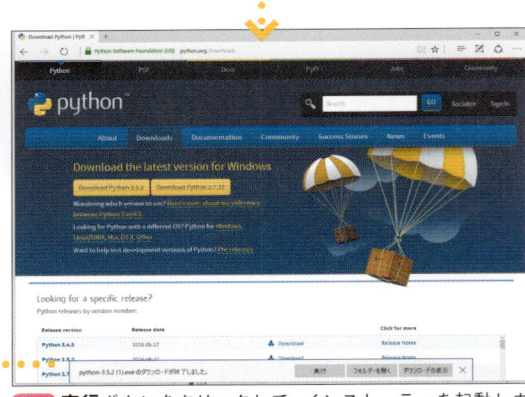

2 **実行**ボタンをクリックして、インストーラーを起動します。

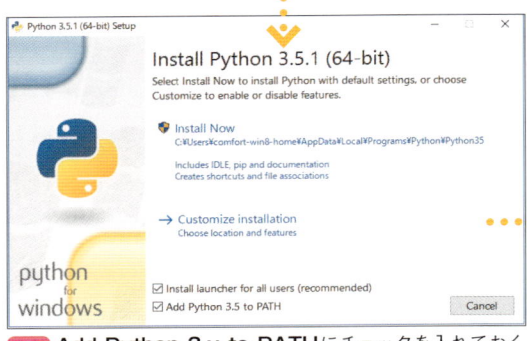

3 **Add Python 3.x to PATH**にチェックを入れておくと、Pythonの実行ファイルの場所がWindowsのシステムに登録されます。
Pythonを起動するときに場所を教える必要がなくなるので、忘れずにチェックしておきます。**Install Now**をクリックしてインストールを開始します。

4 インストールが完了したことを知らせる画面が表示されたら、**Close**ボタンをクリックしてインストーラーを終了します。

ちゃんとインストールされたことを確認する

インストーラーを使えば、よほどのこと（途中で停電したとか）がない限りインストールは成功します。でも、心配なのでチェックしておきましょう。

1 **スタート**ボタン上で右クリックして**コマンドプロンプト**を選択します。**コマンドプロンプト**の画面が表示されたら「python --version」と入力して Enter キーを押します。

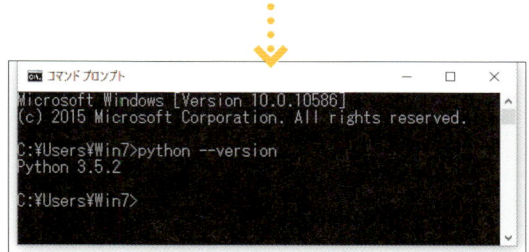

2 オッケー、無事インストールは完了しています。Pythonのバージョンが表示されました。

コマンドプロンプトを使えば、こんなふうにPythonを実行できるんですね。もちろん、自分で作ったPythonプログラムをこの画面で実行することもできるらしいです。

MacにPythonをインストールする

与えられたデスクのそばにiMacが鎮座しているので、ついでにMacにもインストールすることにしました。どうせヒマだし。実は、MacにはPythonのバージョン2がはじめから入っているんですが、最新バージョンの「3.x.x」をインストールしちゃいましょう。

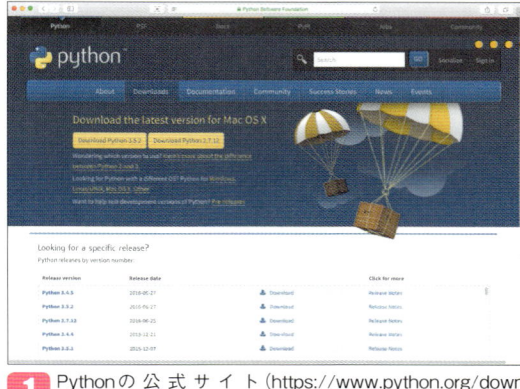

1 Pythonの公式サイト（https://www.python.org/downloads/）にアクセスして、「Download for Mac OS X」の下にある**Python 3.x.x**のボタンをクリックします。

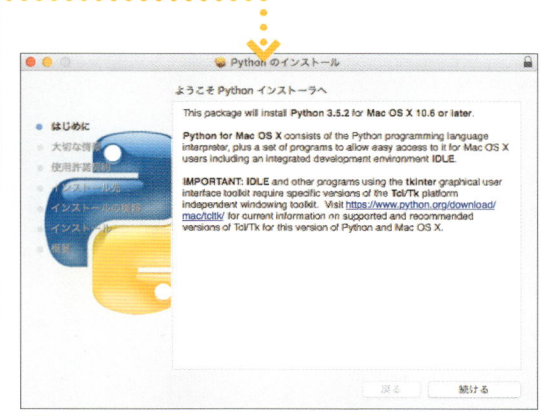

2 ダウンロードしたpkgファイルをダブルクリックして開くと、インストーラーが起動するので**続ける**ボタンをクリックします。

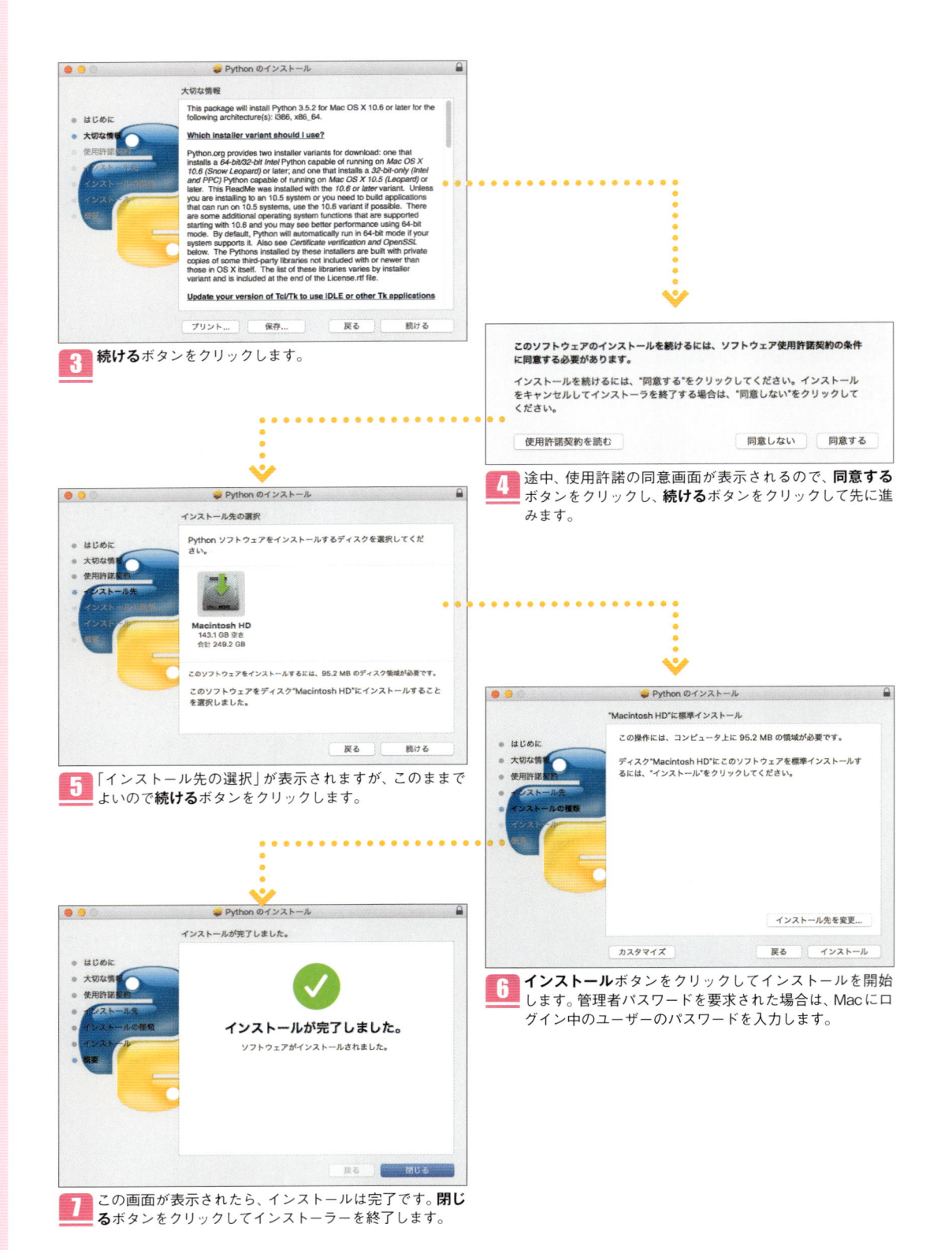

3 続けるボタンをクリックします。

4 途中、使用許諾の同意画面が表示されるので、**同意する**ボタンをクリックし、**続ける**ボタンをクリックして先に進みます。

5 「インストール先の選択」が表示されますが、このままでよいので**続ける**ボタンをクリックします。

6 **インストール**ボタンをクリックしてインストールを開始します。管理者パスワードを要求された場合は、Macにログイン中のユーザーのパスワードを入力します。

7 この画面が表示されたら、インストールは完了です。**閉じる**ボタンをクリックしてインストーラーを終了します。

02 「IDLE (Python GUI)」を起動してPythonを動かしてみよう

Pythonをインストールすると、「IDLE」と呼ばれる開発ツールももれなく付いてきます。このツールには、プログラミングに必要なひととおりの機能がまとめられています。

IDLEでラクラクプログラミング

IDLE（アイドル）には、プログラムのソースファイルの作成や保存を行えるほか、書いたソースコードをその場で実行できる**インタラクティブシェル**という機能が搭載されていました。

これ一つでプログラムの開発ができるってことだね。ソースコードの間違いを見付ける（デバッグ）機能も搭載されてるらしいので、せっかく自分専用のPCにインストールしたことだし、ウォームアップのためにちょこっと使ってみますか。

Windowsの**スタート**メニューの**すべてのアプリ➡Python3.x➡IDLE(Python 3.x(xx-bit)**をクリックしてIDLEを起動します。

Macの場合は、アプリケーションフォルダーの「Python」フォルダー内の「IDLE」のアイコンをダブルクリックして起動します。

大きく表示されているのが、ソースコードの入力画面。メモ帳みたいなテキストエディターの画面のようですが、WindowsのコマンドプロンプトやMacのターミナルのように入力した命令を、その場で実行することができるみたいです。

「ソースコードの入力」➡「Pythonインタープリターで即実行」できることから、この画面を「対話型インタープリター」、あるいは**インタラクティブシェル**と呼ぶのだそう。

こんなことができるのも、Pythonがインタープリター型の言語だからなんですね。コンパイル型の言語では当然できないコトです。

これから先、当たり前のようにコードを書き間違えるでしょうから、書いたそばから実行できるのはアリガタイですね。

◆起動直後のIDLE

ソースコードが入力できる状態になっている。

Macの場合は、Finderの**アプリケーション➡Python3.x➡IDLE.app**をダブルクリックすると、IDLEが起動します。

∷ 軽く計算をしてみる

インタラクティブシェルに表示されている「>>>」記号は、入力を促す「プロンプト」。コマンドプロンプトの「>」と同じものが3連で続いているので「早くしろよ」とか言われてるみたいではあります。さっそく、Pythonの言葉を入力してみますヨ。

Pythonの「+」という記号は「足し算する」という意味を持っているので「2016+4」は立派なソースコードなんです。研究所のマニュアルにそう書いてあるのですが、どっから見てもただの足し算です。でも、入力したあと答えが返ってきたからやっぱりソースコードなんですね。

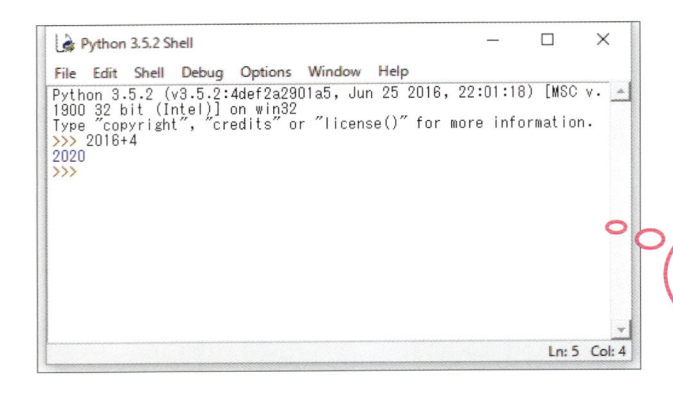

「2016+4」と入力して[Enter]キーを押すと、おお、東京オリンピックの開催年が表示された。

∷ 複数行のコードを実行する

1回だけで終わる処理だけでなく、何行にもわたる処理を書くこともできます。アレをやったら次はコレ、って具合に。プログラムは上の行から順番に実行されるので、やりたいことを順に書いていくのですね。

研究所のマニュアルによると、前の行でやった処理を次の行で覚えておいてもらうには、入力した値に名前を付けておけばOKらしいです。例えば、2016という値に「rio」という名前を付けておきます。次に2020という値に「tokyo」という名前を付ける。

このあとで「tokyo − rio」と名前同士で引き算をすると、これらの名前が表す数値同士で引き算された結果が返ってきて画面に表示される。

こんなんで本当に計算できるのかなぁ。

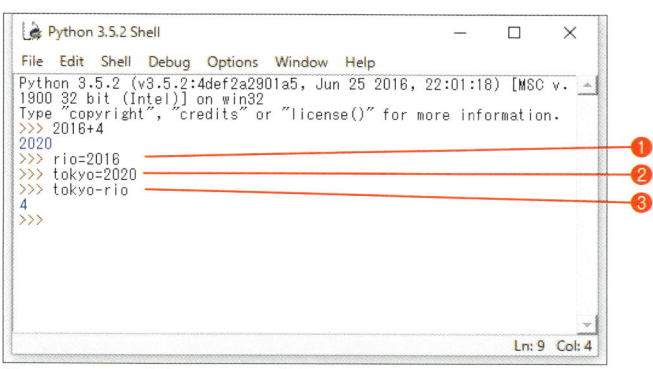

❶のrio=2016の「=」はrioという名前に2016という数値を「セットする」
という意味を持つ記号。

❷で同じようにtokyoという名前に2020という数値をセット。

❸tokyoからrioを引き算すれば4という数値が返ってくる。東京オリン
ピックはリオデジャネイロの4年後ナノダ。

インタラクティブシェルをコマンドプロンプトで実行する　COLUMN

　Pythonのインタラクティブシェルは、Windows
の「コマンドプロンプト」やMacの「ターミナル」で
も実行できます。コマンドプロンプトの場合は
「python」、Macのターミナルでは「python3」

（「python」と入力すると先にインストールされてい
るPythonのバージョン2が起動するので注意）と入
力するとPythonが起動し、インタラクティブシェル
として使用できるようになります。

「python3」（Macは「python3」）と入力。
インタラクティブシェルとして使えるようになる。

Pythonのコードを入力すればご覧のとおり、その場で実行
される。IDLEのインタラクティブシェルとまったく同じよ
うに使える。

文字列はどうなのかな

わたし　rioやtokyoは値に付ける名前。だからtokyoとだけ書くと「2020」という値が返ってきました。

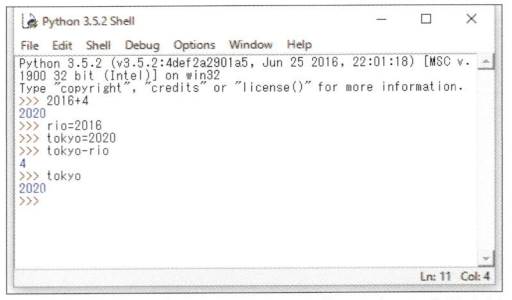

先に「tokyo=2020」のように2020に「tokyo」って名前を付けておいた。tokyoって入力して[Enter]キーを押すと値の「2020」が返ってきた（表示された）。

試しにインタラクティブシェルの**File➡Exit**を選択してIDLEを終了し、もう一度起動します。試しに「tokyo」とだけ入力してみると…。

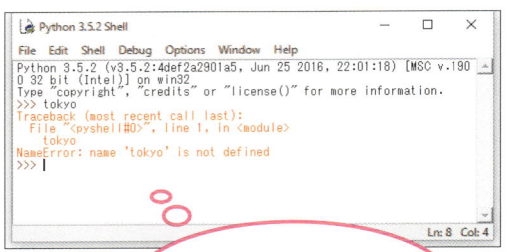

「tokyo」とだけ入力すると真っ赤な英文がずらずらと…。なんか怒られてるみたい。

赤い文字の最後の行にある「NameError: name 'tokyo' is not defined」は、「名前だったらちゃんと値を指定して」というエラーになっていることを示してます。これがIDLEのチェック（デバッグ）機能なんですね。さっき値に名前を付けたけど、Pythonを終了したことで消えてしまったんですね。

ちなみにtokyoを値に付ける名前ではなく、tokyoそのものを文字列として使いたい場合は、それをシングルクォート「'」またはダブルクォート「"」のどちらかで囲むんですね。そうすれば、tokyoは名前でなく「文字の並びからなるデータ（文字列）」だと認識してくれるみたいです。

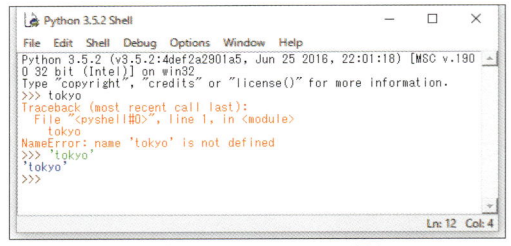

tokyoを「'」または「"」のどちらかで囲む（❶）。するとtokyoが文字列として認識される（❷）。

はじめよう！ Pythonプログラミング！

Chapter 1
Chapter 2
Chapter 3
Chapter 4
Chapter 5
Chapter 6
Chapter 7

03 うわ、出来損ないどころか 何にも書いてないじゃない！

ナゾのパイソン博士、いよいよ登場です。Pythonをインストールしたタイミングで現れるなんてなかなかシタタカな人のようでもあります。

自己紹介させてみる

ヤアヤアご苦労さん。プログラミングの準備はできたようだネ。

自己紹介？　いやワタシじゃなくってウチの「レイ」の自己紹介ダヨ。ついさっき名前が決まったばっかりで、まだなんもできてないの。私が作ったスバらしいマニュアルがあるから、それを見ながらやってみて。

「ワタシはレイです」って。何だか変だナ。じゃまたあとでネ。

「ワタシはレイです」って言うから不気味なんですョ。でもレイなんてかわいい名前だし、「あたしはレイです」にすればふつうですよね。では、博士が作ったマニュアルとやらを見ながらやってみますか。

●文字列の出力にはprint()という命令を使います。( )の中に「'」か「"」で囲んだ文字列を書けば、それが画面に出力されます。

print()ってものを書けば（タイプするのね）好きな文字列を画面に表示できるんですね。じゃ、インタラクティブシェルの「>>>」のあとに「print('わたしはレイです')と入力して Enter キーを押してみましょーか。

◆ インタラクティブシェル

```
>>> print('あたしはレイです')
あたしはレイです         ——— 出力された文字列
>>>
```

　自己紹介できました。でも、これじゃ、自己紹介させるたびに同じコードを入力しなきゃならず、メンドクサすぎます。博士のマニュアルに何か載ってないかな。

ソースコードを保存する方法

「ソースファイル」というものを作れば、そこに書いたソースコードをファイルとして保存することができます。

●ソースファイルの作成と保存

❶IDLEのインタラクティブシェルで、**File**メニューの**New File**を選択します。

❷ソースファイルを書くためのウィンドウが開くので、そこにソースコードを入力します。

❸入力が終わったら**File**メニューの**Save**を選択します。

保存用のダイアログが表示されるので、保存先のフォルダーを選択し、ファイル名を入力して**保存**ボタンをクリックすれば、拡張子が「.py」のPython用ソースファイルとして保存されます。

●保存済みのソースファイルを開く

❶IDLEのインタラクティブシェルの**File**メニューの**Open**を選択します。

❷ファイルを開くためのダイアログが表示されるので、保存済みのソースファイルを選択して**開く**ボタンをクリックすれば、ソースコードエディターが起動してファイルの中身が表示されます。

●ソースファイルからプログラムを実行する

ソースコードエディターでソースファイルを開いた状態で**Run**メニューの**Rum Module**を選択すると、書いてあるコードがインタラクティブシェル上で実行されます。print()で何かを表示するようにしてあれば、そのままインタラクティブシェルに表示されます。

プログラムの実行結果は常にインタラクティブシェルに表示されます。ただし、画面に文字を出力する処理を書いていない場合は、プログラムそのものは実行されるものの、画面には何も表示されません。

自己紹介プログラムをソースファイルに保存する

わたし

ソースコードを保存するには、まずソースファイルとやらを用意するんですね。

ソースファイルは「ソースコードエディター」ってものに表示されますが、見た目は

Windowsの「メモ帳」とあんまり変わりませんが、コードを入力し、ファイルとして保存することができるようです。

さっきと同じコードを入力して、「hello.py」というファイル名で保存してみましょうか。

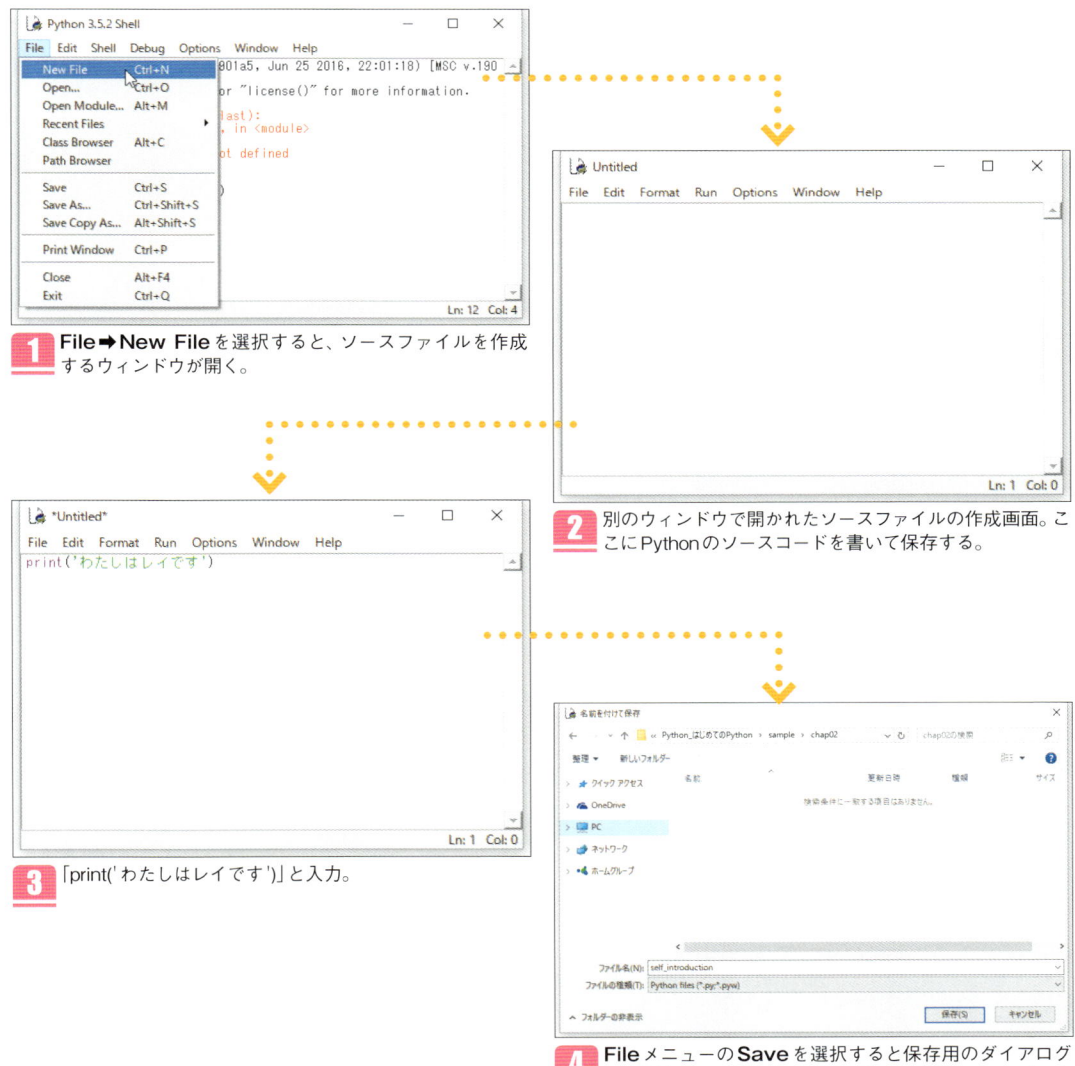

1 File➡New File を選択すると、ソースファイルを作成するウィンドウが開く。

2 別のウィンドウで開かれたソースファイルの作成画面。ここにPythonのソースコードを書いて保存する。

3 「print(' わたしはレイです')」と入力。

4 File メニューの **Save** を選択すると保存用のダイアログが表示される。保存先のフォルダーを選択し、ファイル名を入力して**保存**ボタンをクリック。保存が済んだら、ソースコードエディターの×をクリックしていったんファイルを閉じる。

保存したプログラムを実行する

今回はソースファイルの名前を「self_introduction.py」にしました。拡張子の「.py」はPythonのプログラムであることを示し、保存時に自動で追加されます。

さっき保存した「self_introduction.py」を開いてみます。このファイルがPythonのプログラムファイルなわけで、「モジュール」とも呼ばれたりするんですね。さっそく、Runメニューの**Rum Module**を選択してモジュールに保存したプログラムを実行してみましょうか。

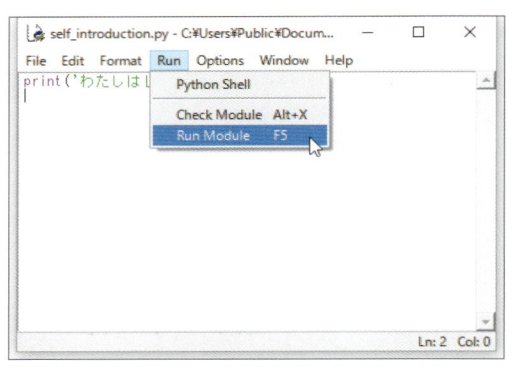

モジュール（ソースファイル）を開いたら**Run**メニューの**Rum Module**を選択。代わりに [F5] キー（ノートPCなどは [Fn]＋[F5]）を押してもOK。

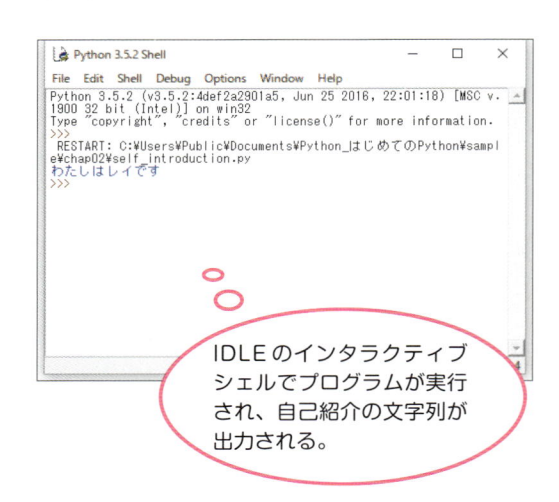

IDLEのインタラクティブシェルでプログラムが実行され、自己紹介の文字列が出力される。

コマンドプロンプトで実行する
COLUMN

IDLEを使えばコードの入力から実行までできるので、あえてコマンドプロンプトやターミナルから実行する機会はほとんどないです。

しかし「どうしてもコマンドプロンプトから実行したい！」という衝動にかられたときは、コマンドプロンプトの画面に保存済みのモジュールをドラッグすると、モジュールのパスが自動入力されるので、このまま [Enter] キーを押して実行します。

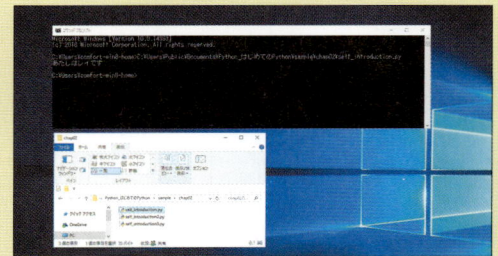

❶コマンドプロンプトの画面（インタラクティブシェルにしてはいけません）にドラッグする
❷モジュールのパスが入力されるので [Enter] キーを押す
❸プログラムが実行されて結果が表示される

Chapter 1

Chapter 2

Chapter 3

Chapter 4

Chapter 5

Chapter 6

Chapter 7

04 文字列と数値で自己紹介する

「わたしはレイです」、ハイよくできました。いや、まがりなりにもスーパー受験生ロボットなんです。せめて年とか、身長、体重くらいはしゃべってもらわないと。

「文字列型」とか「数値型」の値

　プログラミングするときは、文字列か数値かによって、「データ型」というものに分けて扱います。

Pythonで扱う基本のデータ型

分類	データ型	内容	値の例
数値型	int型	整数リテラルを扱います。	100
	float型	小数点数リテラル*を扱います。	3.14159
文字列型	str型	文字列リテラル	こんにちは、Program
ブール型	bool型	YesとNoを表す「True」「False」の2つの値を扱う。	TrueとFalseのみ

＊正式には「浮動小数点数リテラル」と呼ぶ。

ソースコードとして「10」と書いた場合、それが数字の「10」なのか整数値の「10」なのかってことが重要なんですね。

Point! リテラル

　「リテラル」とは、ソースコードの中に直接書く値のことです。'Python'は**文字列リテラル**、数値の「10」は**整数リテラル**、「1.23」は**小数点数リテラル**になります。

名前と住所、年齢、身長／体重まで言わせてみよう

◆ レイに言わせたいこと

名前：レイ
住所：パイソン研究所
年齢：16歳
身長：158.5cm
体重：40.0kg

◆ 実行結果

```
レイ
パイソン研究所
16
158.5
40.0
```

まずは自己紹介でこんなことを言ってもらいますか。名前の「レイ」と住所の「牌尊研究所」。これは文字列、つまり、**文字列型**っていうデータ型ですね。年齢の「16」は整数なので**整数型**。身長158.5は少数が含まれるから**float型**になるのか。体重の「45.0」は少数桁はゼロだけど、小数点があるからやっぱりfloat型。

これらは数値なんだけど小数を含むかどうかで整数型とfloat型に分けられるんですね。

Pythonのようなプログラミング言語では、値の種類によって「データ型」というものに分類して扱うようになっているそうです。文字列と数値では扱い方がビミョーに違うから分けて扱うらしい。ブール型なんてヘンテコな型があるけど、これは後回し。まずは名前から順番に言ってもらいましょ。

◆ self_introduction2.py

```python
print('レイ')
print('パイソン研究所')
print(16)
print(158.5)
print(40.0)
```

IDLEでモジュール「self_introduction2.py」を作成しました。コードを入力して**Run**メニューの**Run Module**を選択するとprint()命令が上から順番に実行されて、名前から体重までが出力されました。

結果を見るとそれぞれが改行されてますが、print()って1回実行するたびに改行するんですって。

改行させたくないときは「print('レイ', end='')」のように ( ) の中の最後に「,」と「end=''」を付け加えれば、改行しなくなるそうです。

◆ print()命令で改行しなかった場合

```
レイパイソン研究所16158.540.0
```

わけがわからないので、特別な場合を除いてふつうに改行した方がイイですね。それと、ここでも文字列を「'」で囲んでいます。「チョメチョメ」のダブルクォート「"」でもいいんですけど、「チョメ」だけのシングルクォートがスッキリしてていいかなあ、ということでこれを使ってマス。たんに好みの問題です。

今回はprint()命令を5つ続けて書きました。いかにもプログラムっぽくてカッコイイです。でも、次のように書いてみたら速攻でエラーメッセージが表示されました。

◆2つの文を続けて書いてみる

```
print('レイ')print('パイソン研究所')
```

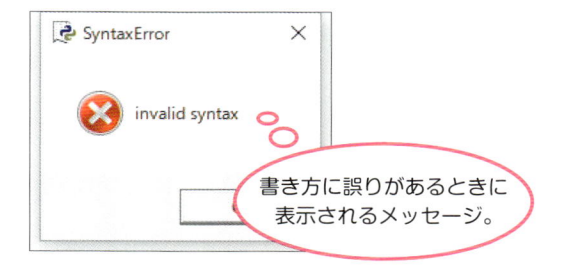

書き方に誤りがあるときに
表示されるメッセージ。

●ソースコードの書き方

　Pythonには「1つの文を書いたら改行しなければならない」という決まりがあります。文（ステートメント）とは1つの命令文のことを指します。

　文（ステートメント）とは1つの命令文のことなので、「print('レイ')」は1つの文ということになるんですね。なので書き終わったら改行するのが鉄則。改行しなかったら（Pythonのインタープリターに）文の続きだと見なされ、「print(...)print(...)ってありえん！」ってことでエラーになってしまいました。

　このようなルールがあるので、ソースコード自体が「読みやすい」ものになるわけですね。

　ひょっとしたらと期待しつつエラーメッセージの**OK**ボタンをクリックしてみましたが、メッセージが消えただけで、エラーの原因までは直してくれませんでした（残念）。

キモになる値には名前を付けて変数にしよう

●名前を付けて値を割り当てることを「代入」と呼び、付けた名前のことは「変数」と呼ぶ。

　博士のマニュアルによると、「レイ」とか「パイソン研究所」のところは、名前付きの値にできるみたいです。そうすれば、何度でもその値を使えて便利そうです。

　数学でもプログラミングでも「変数」といえば英語のvariable（可変の）のことを意味するそうです。一方、「代入」といえば、数学の代入がsubstitution（置き換え）であるのに対し、プログラミングの代入はassignment（割り当て）とのこと。ナルホド、数学の「＝」は置き換えだから＝の右と左が等しいことを示すけど、プログラミングの代入はあくまで「名前に値を割り当てる」ためのものなんですね。

　まずは、名前や住所などの値に変数名を付けてみました。でも、名前や住所をずらずらと並べるだけではおバカなので、変数を使って「あたしはレイです」「住所は牌尊研究所です」のようにきちんと言えるようにしたいのです。そうするには、もう一工夫する必要があるみたいです。

◆名前や住所などの値に変数名を付ける（self_introduction3.py）

```
name = 'レイ'
address = 'パイソン研究所'
age = 16
height = 158.5
weight = 40.0
```

29

print()関数で複数の要素をまとめて出力する

print()のことをこれまで「命令」と呼んでいましたが、正確には**関数**と呼びます。「何かの処理を行うソースコードのまとまり」に名前を付けて、「いつでも呼び出せるようにした」のが関数です。

Pythonには、print()だけでなく、さまざまな関数が用意されていて、関数名()と書くことでこれらの関数を呼び出して処理を行わせることができます。

関数を呼び出すときは、関数名に続けて必ず()を書かなくてはなりません。このカッコは「関数に渡す」データを指定するためのものです。で、関数に渡すデータのことを**引数**(ひきすう)と呼びます。

print('こんにちは')と書くと、print()関数が呼び出されて、()の中の'こんにちは'が引数として関数に送られ(渡され)ます。その結果、print()関数によって(インタラクティブシェルの)画面に「こんにちは」の文字が表示されるというわけです。

●print()関数の使い方

- print()では、' 'で囲んだ文字列のほかに変数を引数にできます。その場合は変数の値が出力されます。
- カンマ(,)で区切ることで、複数の引数を書くことができます。この場合、引数にした文字列の間にスペースが入って出力されます。
- 複数の文字列、あるいは文字列型の値の変数を引数にする場合は、カンマの代わりに「+」を使うこともできます。ただし、この場合は引数と引数の間にスペースが入らずに出力されます。
「文字列 + 文字列」と書いたときの「+」は足し算ではなく「連結する」という意味を持つので、文字列と文字列がそのままくっついた状態になるのです。
- 「+」は文字列同士しか連結できないので、'わたしは'という文字列型と「16」という数値型を「+」で連結したいときは、str()という命令を使って、数値型を文字列型に変えて(変換して)から連結することが必要です。

博士のマニュアルによると、print()では変数の値を出力したり、変数と変数、あるいは文字列と変数をつなげて出力できるようです。でも、いろいろあるようなので1つずつ試してみることにします。

それぞれ書いたところで、**Run**メニューの**Run Module**を選択して結果を表示していきます。

◆ 変数の値を出力してみる(self_introduction3.pyの続き)

```
print(name)        「レイ」と表示される
```

◆ 2つ以上の変数を引数にしてみる

```
print(name, address, age, height)
```
——— 「レイ パイソン研究所 16 158.5」と表示される

◆ 文字列と変数を引数にしてみる

```
print('あたしは', name)
```
——— 「あたしは レイ」と表示される

◆「+」で連結してみる

```
print('あたしは' + name)
```
——— 「あたしはレイ」（スペースなし）と表示される

◆ 変数を「+」で連結してみる

```
print('あたしは' + age)
```
——— エラー

'あたしは'に数値型のageを連結したら、「TypeError: Can't convert 'int' object to str implicitly」ってエラーが表示されました。なるほど、こういうわけだったのですね。じゃ、str(age)と書いて連結すればいいですね。

◆ 数値をstr()で文字列に変換して連結する

```
print('あたしは' + str(age))
```
——— 「あたしは16」と表示される

ちゃんと自己紹介してみよう

わたし

「1+1」のような計算式のコードや「print(name,address)」のように複数の引数を続けて書くときは、「1 + 1」や「print(name, address)」のようにコード内の要素の間にスペースを入れることができます。こうすることでコードが読みやすくなりました。

でも、「100」という数値を書くときに「1 00」と書いたらダメなんですって。100で一つの値ですのでスペースを入れることはできません。

一方、文字列は' 'で囲まれている部分が1つの文字列なので、「'あたしは レイ です'」とするのは問題ありません。

では、' 'で囲んだ文字列と変数を連結して出力してみますか。これで、レイはまともな自己紹介ができるようになるはずです。

◆ **レイの自己紹介（self_introduction3.py）**

```python
name = 'レイ'
address = 'パイソン研究所'
age = 16
height = 158.5
weight = 40.0


print('あたしの名前は' + name + 'です')
print('年は' + str(age))
print(address + 'に住んでます')
print('身長は' + str(height) + 'cm、' + '体重は' + str(weight) + 'kgだよ')
```

◆ **実行結果（インタラクティブシェルに出力）**

```
あたしの名前はレイです
年は16
パイソン研究所に住んでます
身長は158.5cm、体重は40.0kgだよ
```

　ところで、「name = 'レイ'」と書くだけで name は文字列型になるのかな。博士のマニュアルによると type() って命令を使うと、その変数のデータ型がわかるそうです。

　「print(type(変数名))」のように、print() 命令の () の中に「type(name)」と書けば、type() が name のデータ型を返したのを print() が出力するとのこと。じゃ、インタラクティブシェルに直接、入力して確かめてみます。

◆ **変数のデータ型をインタラクティブシェルで確かめてみる**

```
>>> name = 'レイ'            ──── nameという名前を付ける
>>> age = 16                ──── ageという名前を付ける
>>> height = 158.5          ──── heightという名前を付ける
>>> print(type(name))       ──── nameのデータ型を出力する
<class 'str'>               ──── nameのデータ型はコレ
>>> print(type(age))        ──── ageのデータ型を出力する
<class 'int'>               ──── ageのデータ型はコレ
>>> print(type(height))     ──── heightのデータ型を出力する
<class 'float'>             ──── heightのデータ型はコレ
>>>
```

　なるほど、<class 'str'>、<class 'int'>、<class 'float'> が表示されました。

　str は文字列を扱う str 型、int は整数を扱う int 型、float は小数点数を扱う float 型であるってことですね。値（リテラル）を書くとこんなふうにデータ型が決められるんですね。

Chapter 3
「レイ」を電卓レベルまでにしてあげよう

01 レイ、チャリに乗る、その移動速度は？（演算処理）

レイはまがりなりにも「スーパー受験生型ロボット」なのです。自己紹介ができても受験には面接なんてありませんよ。受験科目への対応はいったいどうするんですか、博士！

レイは研究所から自転車で塾に通っている

「おお、レイちゃん自己紹介できるようになったのネ。じゃ、今度は何か計算もできるようにしてみよう。

ちなみにレイちゃんは塾に自転車で通ってるんで、移動速度を言わせてみてくれるかナ。「時速30キロで憑依中で〜す」、いや「移動中で〜す」とか。また背筋が寒くなったナ。じゃまたあとでネ」

やめてくださいよ、時速30キロで追いかけてくるみたいじゃないですか。しかし、チャリにも乗るんですね、レイは。えっと、速度を求めるなら移動した距離を時間で割ればいいのか。研究所から塾までは2.5kmあるらしいから、まずはこれに変数名を付けて「dist = 2.5」とする。distはdistance（距離）の略。

おお、何かカッチョイイ。で、だいたいいつも8分くらいかかるらしいから「time = 8」でOK。これで変数名を書けば、いつでもその数値を取り出せます。

◆移動距離とかかった時間に変数名を付ける（speed.py）

```
dist = 2.5        ——— 変数distの値は「2.5」
time = 8          ——— 変数timeの値は「8」
```

「移動距離に付けた変数名はdistで変数名の値は2.5」って長ったらしくて「だからどうした」って言いたくなりますよね。

こんなときは「変数distの値は2.5」という言い方でOKらしいです。ま、2.5という値にdistって名前を付けたわけですから、端的に言えば「distは2.5」ってこと。「あたしはレイ」みたいなものか。

あとは、距離を時間で割ればいいけど、Pythonでは「÷」でいいんですかね。それとtimeの値の「8」は分だから、そのまま割っちゃうと分速になるから分を時間に直す必要もあるし。掛け算は「×」？　博士のマニュアルを見てみましょうか。

算術演算子

 プログラムでは数値を使った計算を行うことが多いのですが、このような場面で使われるのが「算術演算子」です。

算術演算子の種類

演算子	機能	使用例	説明
＋ （単項プラス演算子）	正の整数	+a	正の整数を指定する。数字の前に＋を追加しても符号は変わらない。
－ （単項マイナス演算子）	符号反転	–a	aの値の符号を反転する。
＋	足し算（加算）	a＋b	aにbを加える。
－	引き算（減算）	a－b	aからbを引く。
＊	掛け算（乗算）	a＊b	aにbをかける。
/	割り算（除算）	a／b	aをbで割る。
//	整数の割り算（除算）	a／/b	aをbで割った結果から小数を切り捨てる。
％	剰余	a％b	aをbで割った余りを求める。
＊＊	べき乗（指数）	a＊＊b	aのb場を求める。

◆ **インタラクティブシェルで足し算、引き算、掛け算してみる**

```
>>> 10 + 5
15
>>> 100 - 25
75
>>>
10 + 5 - 7    ——— 数値と演算子は好きなだけ追加できる
8
>>> 25 * 4
100
```

除算（割り算）と剰余

/	ふつうの割り算だが、浮動小数点数の除算を行うので、小数以下の値まで求める。
//	整数のみの割り算を行う。割り切れなかった値は切り捨てられる。

◆2つのバージョンの除算と剰余

```
>>> 4  / 2        ――――― 【浮動小数点数の除算】
2.0               ――――― 浮動小数点数で返される
>>> 7 / 5
1.4
>>> 7 // 5        ――――― 【整数のみの除算】
1                 ――――― 割った余りは切り捨てられる
>>> 7 % 5         ――――― 【剰余】
2                 ――――― 割った余り
```

　％演算子は、割った（除算した）余りを求めます。値が割りきれたのか、割り切れなかったのかを知りたい場合に使われます。ゼロで割ろうとすると「ゼロ除算」でエラーになります。

◆ゼロ除算

```
>>> 7 / 0                              ――――― ゼロ除算はエラーになる
Traceback (most recent call last):     ――――― エラーメッセージ
  File "<pyshell#105>", line 1, in <module>
    7/0
ZeroDivisionError: division by zero
```

変数を使って演算する

　これまで「＝」を使って何かの値に名前を付けることを「変数名を付ける」という言い方をしてきましたが、これからは「変数に値を代入する」と言うことにします。というのは、「変数の値は何度でも変えることができる」からです。「a＝1」のあとに「a＝2」と書けば、aの値は「2」です。「1にaという名前を付けた」あとに「2にaという名前を付けた」ことになりますが、同じaなのに値を変えるたびに「○○にa

という名前を付けた」と言うのは回りくどいし、同じaなら「aに1を代入した」「aに2を代入した」の方が、aの値が1から2になったことがわかりやすいですよね。

　では、変数に整数リテラルを代入し、これを使って演算してみましょう。算術演算子で求めた値は、代入演算子の「＝」を使って代入することができます。

◆変数を使用した演算

```
>>> a = 10        ――――― 変数aに10を代入
>>> a - 3         ――――― aから3を減算
7
>>> a             ――――― aの値を表示する
10                ――――― 代入した値は変わらない
```

インタラクティブシェルは（インタープリターから）返される値をそのまま出力してくれるので、「a − 3」と入力して Enter キーを押すと「7」と表示されます。ですがa自体の値は変わらないので、「a」と入力して Enter キーを押すと「10」表示されます。次のように「a − 3」

の計算式そのものをaに代入してやればaの値は「7」になります。これは「『a − 3』という式にaという変数名を付けた」ということです。

このように、計算式にも名前を付ける、言い換えると「変数に計算式を代入する」ことができます。

◆ **計算（演算）式の結果を変数に代入する**

```
>>> a = a - 3          この演算結果が＝の左側にある変数aに代入される
>>> a                  代入先の変数
7          演算結果が代入されている
```

::: 2.5kmを8分で移動したから時速は18.75km

マニュアル読むのに時間がかかったけど、「dist/time」のように距離を時間で割れば速度がわかる。timeに代入してある「8」は8分のことだから、求めた速度は「分速」になる。てことは1時間は60分だから、時速にするにはkmに60を掛ける必要がありますね。

それじゃ、最初に「s_km = dist/time」のように計算式に「s_km」という名前を付ければいいですね。つまり「dist/timeの結果を変数s_kmに代入」するってことだ。

あとは「h_km = s_km * 60」のようにs_kmに60を掛ける計算式に名前を付ければOKかな？

◆ **自転車の速度を言ってみよう（speed.py）**

```
dist = 2.5
time = 8

s_km = dist / time          分速を計算してs_kmに代入
h_km = s_km * 60            時速に直してh_kmに代入

print('時速' + str(h_km) + 'kmで移動中で～す！')
```

◆ **実行結果（インタラクティブシェルに出力）**

```
時速18.75kmで移動中で～す！
```

「時速18.75kmで移動中で～す！」って、何かハツラツとしてていいなあ。たぶん女の子なんでしょうね。でも、時速の「18.75」ってのが

気になるなあ。普通の女のコが小数点以下2桁まで言うか？　数値をうまいこと加工して小数点以下はナシにできないかなあ。

小数点数型を整数型にしたり、整数型を小数点型にする

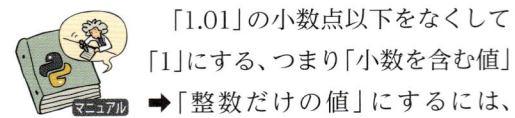

「1.01」の小数点以下をなくして「1」にする、つまり「小数を含む値」➡「整数だけの値」にするには、int()という関数を使います。

()の中に整数型に変換したい数値リテラル、または数値リテラルが代入された変数を引数として書きます。

また、float()という関数を使うと、int型の値や文字列の数字をfloat型に変換できます。変換したい値には、int()関数と同様に数値リテラルを直接書くか、リテラルが代入されている変数を指定します。

「レイ」を電卓レベルまでにしてあげよう

●int()関数

整数以外のデータ型を整数型（int型）に変換します。

◆int()関数の書式

書式　int(ここに変換したい値を書く)

- 小数を扱う float 型を int 型に変換すると、小数点以下の部分が切り捨てられます。
- int 型を int 型に変換しても何も変わりません。
- 数字から始まっていても、数字以外の文字列が続いているとエラーになります。
- 小数を含む数字は変換できません。

◆float 型を int 型に変換する

```
>>> int(18.75)
100.0      ——— 小数点以下が含まれる
```

●float()関数

整数型（int）や文字列（str）型の数字を float 型に変換します。

◆float()関数の書式

書式　float(ここに変換したい値を書く)

- '1.234' という文字列は「1.234」に変換されます。
- 「1」のような整数を変換すると「1.0」のように小数部が追加されます。

◆ **int型をfloat型に変換する**

```
>>> float(100)
100.0
```

◆ **数字（str型）をfloat型に変換する**

```
>>> float('123')
123.0
>>> float('-1.5')  ——— マイナスが付いているとそのままマイナスの値として変換される
-1.5
```

▦ 割り算でハマる

int()関数で小数点以下を切り捨てられるみたいですけど、割り算の「//」を使えば割ったときの答えが整数になるから、こっちの方が手っ取り早いんじゃないでしょうか。

◆ **距離を時間で割るときに「//」を使ってみる（speed_int.py）**

```
dist = 2.5
time = 8
s_km = dist // time     ——— 割った答えを整数にすればいいですよね？
h_km = s_km * 60
print('時速' + str(h_km) + 'kmで移動中で〜す！')
```

◆ **実行結果**

```
時速0.0kmで移動中で〜す！     ——— あれ？
```

「0.0」になってしまいました。「//」は割った答えから小数点以下を切り捨てるから…、いや待てよ「dist // time」って「2.5÷8」のことだから答えは「0.3125」、切り捨てると「0」。でも計算式の中に1つでも小数を含む値があると、Pythonは計算結果をfloat型にするらしいので「0.0」が正解。計算した答えが小数だったん

で丸ごと切り捨てられたみたいです。これだと60を掛けたところで「0.0」にしかなりませんよね。

もとの「/」で割り算して、60を掛けたあとでint()関数で小数点以下を切り捨てるのが正解みたいです。そうすると「変数 = int(h_km)」というコードが必要か？

●博士からのひとこと

```
print('時速' + str(int(h_km)) + 'kmで移動中で～す！')
```

int()関数をstr()の引数にするとint()の
結果の整数値が文字列型に変換される

　うわ、いきなり博士からのチャット画面が開いたよ。関数の引数を関数にできる？

　int(h_km)で「18.75」から「18」になっているはずだから、それを文字列の18に変換するっ

てことですか。なるほど、「str()関数の引数は18」と考えればいいのですね。では、さっきのプログラムを直してみましょうか。

◆ 時速を整数だけで表示する（speed_int.py）

```
dist = 2.5
time = 8
s_km = dist / time
h_km = s_km * 60
h_km = int(h_km)          ――― このときのh_kmの値は「18.75」
print('時速' + str(int(h_km)) + 'kmで移動中で～す！')
```

◆ 実行結果

時速18kmで移動中で～す！　　　――― 無事、小数点以下が切り捨てられました

Point! 　変数名にアンダースコアを使う

　今回求めた速度には分速と時速がありましたので、それぞれ「s_km」と「h_km」という変数に代入しました。このようにアンダースコア「_」を使って変数名をわかりやすくできます。

02 平方根とか対数とか高校数学のキホンを身に付けよう（標準ライブラリの関数）

速度の計算はウォームアップとしてはいいかもしれませんが、そろそろ受験科目のお勉強をしないとまずいんじゃないです？高校の数学ってさっぱりですけど。

累乗、など数学の計算をやってみる

「じゃあ、累乗とか平方根とかキホン的なことからはじめて、対数とか弧度法、三平方の定理から三角関数まで解けるようにしてあげようかネ。

といっても、Pythonの関数を使えばカンタンに解けるから、マニュアル見ながらやってみてネ」

Pythonに組み込まれたビルトイン関数

これまで使ってきたprint()関数は、関数名を書くことですぐに呼び出すことができました。str()やint()、float()などの関数もそうです。

そもそも、関数にも関数のソースコードが書かれたソースファイル（モジュール）があって、print()と書くとモジュールから関数本体のソースコードが読み込まれることで画面への出力が行われます。

「関数名を書いただけで実行される」というのがミソで、本来であれば「どのソースファイルなのか」を指定しなくてはなりません。テキストファイルを保存しておいて、これを開くときにはファイル名を指定しますよね。

◆ビルトイン関数

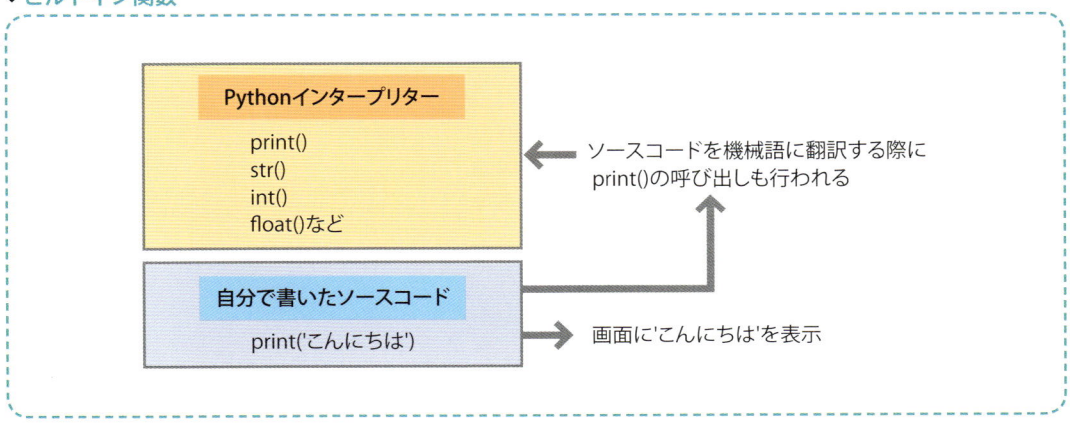

41

print()が関数名を書いただけで呼び出せたのは、**組み込み（ビルトイン）関数**として、Pythonのインタープリターに組み込まれているためです。つまり、インタープリターの部品の一部になっているわけです。Pythonには68個のビルトイン関数が組み込まれているので、基本的な処理はこれらの関数で行えます。

⠿ 標準ライブラリに収録されているモジュールを使う

一方で、「テキストの中から特定の文字を検索する」「今日の日付を扱う」など、ビルトイン関数では対応していない処理は、別途で**標準ライブラリ**というものにモジュールとしてまとめられています。

Pythonをインストールすると標準ライブラリも一緒にインストールされますので、使いたいモジュールを指定すれば、そのモジュールに書かれている関数を使うことができます。これを**インポート**と呼びます。

数学的な計算には「math」というモジュールを使うと便利です。mathをインポートするには、「import」というキーワードを使って次のように書きます。

◆ **math**モジュールをインポートする

```
import math
```

◆ **標準ライブラリからモジュールをインポートする**

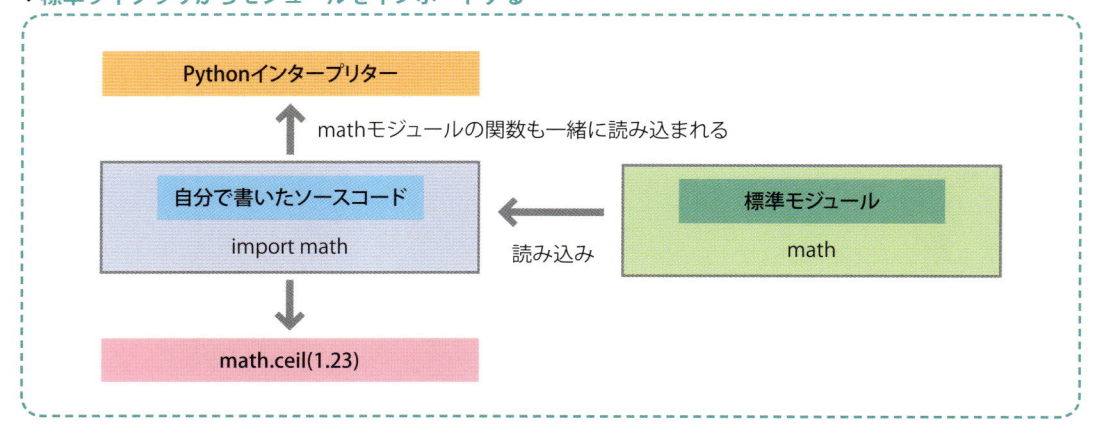

こうやってmathをインポートすれば、モジュールに書かれて（定義されて）いる次の関数を使うことができます。

mathモジュールの数学的な計算を行う主な関数

●小数を含む値以上の最小の整数を求める…math.ceil(x)

引数のxが「1.23」のように小数を含む値であれば、x以上でなおかつ最小の整数「2」を返します。xが整数のときは整数の値がそのまま返されます。

●小数を含む値以下の最大の整数を求める…math.floor(x)

xが「1.23」のように小数を含む値であれば、x以下でなおかつ最大の整数「1」を返します。xが整数のときは整数の値がそのまま返されます。

●累乗を求める…math.pow(x, y)

x の y 乗をfloat型で返します。整数だけの値を得たい場合は、**演算子、またはビルトイン関数のpow()を使用します。

●ラジアン（平面角の単位）を角度に変換…math.degrees(x)

ラジアンxを角度に変換します。

●角度をラジアンに変換…math.radians(x)

角度xをラジアンに変換します。

●正弦（サイン）を求める…math.sin(x)

ラジアンxの正弦を返します。

●余弦（コサイン）…math.cos(x)（原文）

ラジアンxの余弦を返します。

●正接（タンジェント）を求める…math.tan(x)

ラジアンxの正接を返します。

●平方根を求める…sqrt(x)

引数xの平方根を求め、その値をfloat型で返します。

●対数を求める…math.log(x[, base])

引数が1つの場合、xの自然対数を返します。引数が2つの場合、log(x)/log(base) として求められる base を底とした x の対数を返します。[, base]のように [ ] の中に書いてあるのは、省略ができることを示しています。

▦ 「戻り値」を返す関数

関数の説明に「○○を返す」という表現があります。これは、関数が何かの処理をして「その結果を呼び出し元に返す」ことを意味します。mathモジュールの関数のほとんどが何かの計算をします。計算した結果はどうなるのかというと、関数の「戻り値」として返されます。

文字列の数字を整数型 (int) に変換するint()関数だと次のような感じです。

コードを入力して Enter キーを押すと「25」という整数が表示されました。これは「int('25')」が「25」という戻り値を返しているということです。ですが、そのままだと戻り値は消えてなくなってしまうので、保存しておきたい場合は「=」を使ってint('25')に「名前を付ける」ことをすれば、名前である変数に戻り値が代入されるようになります。

◆int()関数 (インタラクティブシェルで実行)

```
>>> int('25')
25
```

◆関数の戻り値を変数に代入する

```
>>> result = int('25')
>>> result
25
```

=の右側の式は関数。関数の戻り値は「25」で、これがresultに代入される

int()関数の戻り値

インタラクティブシェルは変数名を書けばその値を表示してくれる

int('25')と書けば、その部分が「25」という整数を発信している状態になります。これが戻り値です。これは、関数だけでなく通常の計算式についても同じことがいえます。

◆関数と普通の計算式の戻り値

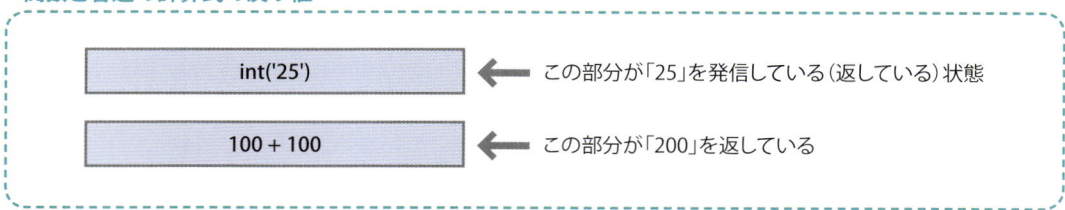

| int('25') | ← | この部分が「25」を発信している (返している) 状態 |
| 100 + 100 | ← | この部分が「200」を返している |

「変数 ＝ 関数()」と書けば、「＝」によって関数の戻り値が変数に代入されるのですが、一方で戻り値をとっておかずに「その場限りで使う」こともあります。

例えば、print()で出力するときに関数の戻り値をそのまま表示したい、という場合があります。この場合は、print()の引数に関数を実行するコードを書けばOKです。

関数は戻り値を発信している（返している）状態なので戻り値がその場で画面に出力されます。

◆ **関数の戻り値をその場で使う**

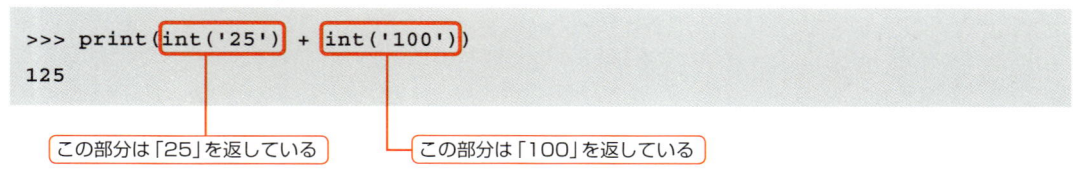

```
>>> print(int('25') + int('100'))
125
```

この部分は「25」を返している

この部分は「100」を返している

int()関数を2回呼び出して、＋で足し算しました。1つ目のint()は「25」、2つ目のint()は「100」を返しているので、足し算すると「125」になります。ということは、print()の ( ) の中の引数は「125を返している状態」になるので、これがそのまま出力されます。「print(25 ＋ 100)」と書いた場合と同じ結果です。

こんなふうに、戻り値を返すタイプの関数は、返された値を「変数に代入」したり、「その場で使う」ことができます。もちろん、戻り値を返さない関数は「処理を行う」だけなので、このような使い方はできません。

print()関数がまさにそうで、print(print(50))と書いたら即エラーです。print()は「引数に指定された値を画面に出力する」処理だけを行うからです。

::: 関数によって引数の数が異なる

関数によって引数の数が決まっています。int()やstr()の場合は1個です。ですが、mathモジュールのmath.pow()関数はmath.pow(x, y)のように2つの引数があります。

x、yは便宜的に書いてあるだけで、a、bでもよいのですが、これは「2つの整数の値を引数にする」ことを示しています。累乗を計算するには、もとになる値xと指数yが必要なので、この2つを引数にすることが条件です。引数が1つだけだったり、あるいは0の場合は計算ができないのでエラーになってしまいます。

このように、関数ごとに「引数の数」と「引数ごとのデータ型」が決まっています。関数をうまく使いこなすには、前もって「引数はどうなっているか」、それから「戻り値はあるのか」を調べておくのがコツです。

関数のタイプ

戻り値を返す関数	引数0、引数1個、2個以上の引数
戻り値を返さずに処理だけを行う関数	引数0、引数1個、2個以上の引数

高校数学のキホンを身に付ける

なるほど、博士のマニュアルによると関数にもいろいろなパターンがあるので、使い方が少しずつ違うようです。

で、今回のmathモジュールの関数のほとんどは戻り値を返すので、「関数で計算してもらう」➡「結果を戻り値として受け取って何かをする」という流れになるのでしょう。

でも一方的に計算させるのではなく、いかにも人工知能っぽいやり取りができるといいですね。

input()関数を使うと、インタラクティブシェルで入力された値を受け取ることができますヨ。例えば、「a = input('何か入力してください')」と書くと、引数に指定した文字列が次のように表示され、**プロンプト**と呼ばれる入力待ち状態になります。

何か入力してください >>> （ここに何かを入力）

何かを入力して Enter キーを押すと入力した文字列が変数aに格納されます。つまりinput()は「プロンプトを表示して入力されたものを文字列として返す」関数ってことです。

なお、入力のあとで Enter キーを押すと、改行するための特殊な文字も一緒に入力されるけど、input()は最後の改行を除いた値を返してくれるからネ。

なるほど、input()関数を使えばインタラクティブシェルを使ってプログラムとやり取りができるってわけですね。では、これを利用してこんな感じのプログラムにしてみましょうか。

◆ **数学の問題を解くプログラム**

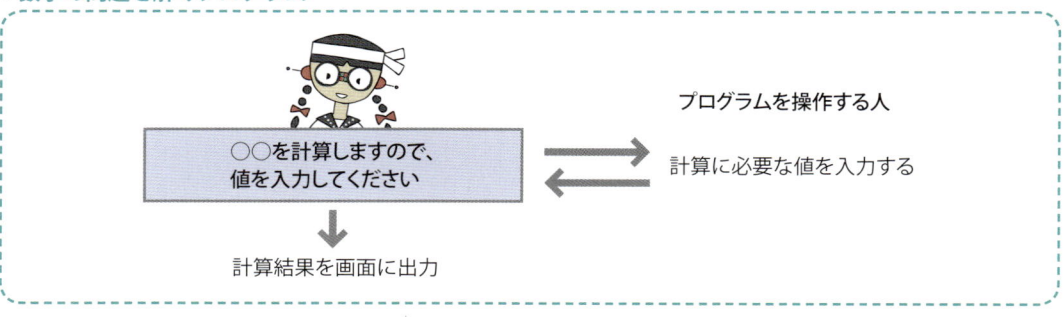

○○を計算しますので、値を入力してください

プログラムを操作する人
計算に必要な値を入力する

計算結果を画面に出力

mathモジュールをインポートすると、モジュールの関数が「オブジェクト」というものに読み込まれます。**オブジェクト**とは「あるデータを保持するためのメモリ上のカタマリ」です。

このカタマリにmathモジュールの関数が呼び出し可能な状態で保持されているので、これにアクセスするための手段が「math.」というわけ。

mathのあとの「.」は、「〜の」という意味を持つ演算子で**参照演算子**と呼ばれるものだから「math.pow()」と書けば「mathオブジェクトのpow()関数」となるわけだ。

オブジェクトについては、これからちょくちょく扱っていくから、まずは「インポートし

たモジュールを使うときはオブジェクトを指定する」ってことは覚えておいてネ。

ちなみにprint()などのビルトイン関数は、最初からPython（のインタープリター）に組み込まれているからオブジェクトを指定する必要はないですヨ。

◆ **モジュールをインポートするとオブジェクトが作られる**

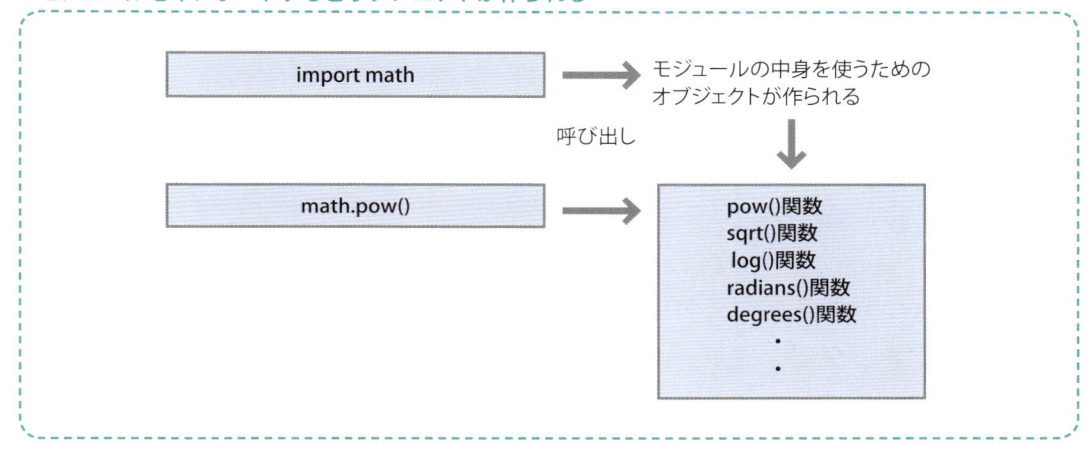

では、「ray_answer_math.py」というモジュールを作成してmathモジュールをインポートするコー

ドから書いて、まずは累乗の数学の問題を解く部分を作ってみます。

◆ **mathモジュールの関数を使って数学の計算を行う（ray_answer_math.py）**

```
import math

num = input('累乗を計算するネ。値は？ --->')     ❶
index = input('指数は？ --->')                   ❷
ans = math.pow(int(num), int(index))            ❸
print(str(ans))                                 ❹
```

「4の2乗」のように累乗を計算するときは、もとになる「4」の値と、4乗の「4」に当たる指数が必要ですので、input()関数を2回実行してこれを入力してもらうようにしました（入力するのはプログラムを実行した人）。

まず❶が実行されると画面に「累乗を計算す

るネ。値は？ --->」と表示されるハズ。で、適当な整数を入力すれば変数numに代入される。これでもとになる値の取得はOK。

続く❷で「指数は？ --->」と表示して、入力された整数値を変数ansに代入します。これで指数の取得が完了。

❸がキモの計算を行う部分。えっと、input()は入力された値を「文字列として返す」ってことだから、そのままでは計算できません。int()関数でint型の整数に変えてやらなきゃならないんです。

これを書く前にnumとindexをそのまま引数にしたんですけど、そしたらエラーになっちゃいました。

◆ 関数の戻り値をその場で使う

```
ans = math.pow(int(num), int(index))
```

累乗を求める関数。第1引数はもとになる値、第2引数は指数を指定

numに代入されている文字列をint型に変換

indexに代入されている文字列をint型に変換

変数ansには累乗の計算結果が代入されているはずだから❹で出力します。ここまでの処理で、画面上でこんなやり取りができるはずです。

あれ？　「64」じゃなくて「64.0」になってるゾ。ああ、確かpow()関数ってfloat型の戻り値を返すんでしたっけ？

```
累乗を計算するネ。値は？ ---> 4
指数は？ ---> 3
64.0
```

「累乗を計算した結果を整数のみで受け取りたい場合は、「**」演算子、またはビルトイン関数のpow()を使うとイイヨ。

math.pow()と違ってもとになる値と指数の両方が整数であれば、整数（int型）の結果を返します。

そうですか。ならビルトインのpow()関数を使いましょうか。では、平方根、対数、角度の変換、三平方の定理まで一気にいっちゃいましょうか。

◆ 累乗、平方根、対数、角度の変換、三平方の定理まで (**ray_answer_math.py**)

```
import math

num = input('累乗を計算するネ。値は？ --->')
index = input('指数は？ --->')
ans = pow(int(num), int(index))      ——— math.pow()をpow()に直しました
print(str(ans))


root = input('平方根を求めるネ。値は？ --->')
```

```python
ans = math.sqrt(int(root))              ━━━━━ ❶
print(str(ans))


print('対数を求めるヨ')
m = input('真数は？ --->')
a = input('底とする値は？ --->')
ans = math.log(int(m),int(a))           ━━━━━ ❷
print(str(ans))
degree = input('角度を変換するヨ。角度は何度？ --->')
ans = math.radians(int(degree))         ━━━ ❸
print(str(ans))


radian = input('ラジアンを角度に変換するネ。ラジアンは？ --->')
ans = math.degrees(float(radian))       ❹
print(str(ans))


print('直角三角形の斜辺の長さを求めるヨ')
x = input('1辺の値は？ --->')
y = input('他の1辺の値は？ --->')
ans = math.hypot(int(x),int(y))         ━━━━ ❺
print(str(ans))
```

高校の数学の基礎的なことをやってますが、何しろ数学なんでおぼろげな記憶をたよりにコードを書いてます。計算は関数がやってくれますので、「こんな計算をしている」くらいの理解でいいんじゃないでしょうか。

❶は変数rootの平方根を求めます。いわゆる√（ルート）いくつってときの値のことでしょうね、たぶん。math.sqrt()関数で答えを求めます。

❷は対数の計算です。「4の2乗 ＝ 16」を「2 ＝ log4 16」のように指数2の部分を表すのが対数で、これを求めるには真数である「16」ともとになる底の値「4」が必要になるから、それぞれm、aに代入します。で、math.log()関数

で指数になる値（対数）、つまり2乗の「2」を求めます。

❸は角度を「ラジアン」という単位の角度に変換します。ほとんどの場合、角度は小数部なしの整数なので、int()で変換した値をmath.radians()関数の引数にしています。180度の場合は「3.14159...」とかになるんじゃないでしょうか。

❹は逆にラジアン単位の角度を通常の角度に変換します。ラジアンが「3.14159...」のときは度数の「180」に変換してくれるはずです。

❺はいわゆる「ピタゴラスの定理」。三角形の直角を挟む二辺の長さがわかれば残りの斜辺の長さがわかるってやつですね、二辺の値x、yをmath.hypot()関数の引数にして斜辺の長さを求めます。

　三角関数ってのは、直角三角形の直角以外の角度 θ（中心角といいます）を正弦（サイン）、余弦（コサイン）、正接（タンジェント）として表すものなんだけど、これを求める math.sin(x)、math.cos(x)、math.tan(x) の引数 x には、ラジアンを指定してネ。

◆ **sin θ を求める**

```
sin = math.sin(math.radians(int(angle)))
```

angle は input() 関数で得た中心角 θ の値なのでこれを math.radians() の引数にするといいですね！

　うう、三角関数が思い出せない…？　でも入力された角度をラジアンに変換したものを math.sin()、math.cos()、math.tan() の引数にすれば答えが出るんですね。

◆ **サイン、コサイン、タンジェントを求める**（**ray_answer_math.py**）

```
......これまでのコード省略......

angle = input('sin、cos、tanを求めるね。角度θは? --->')
sin = math.sin(math.radians(int(angle)))        ———❶
cos = math.cos(math.radians(int(angle)))        ———❷
tan = math.tan(math.radians(int(angle)))        ———❸
print('sin' + angle +  ' = ' +  str(sin))
print('cos' + angle +  ' = ' +  str(cos))
print('tan' + angle +  ' = ' +  str(tan))
```

　実行するとこんなふうに表示されるはずです。

```
sin、cos、tanを求めるね。角度θは? --->30     ——— 角度「30」を入力
sin30 = 0.49999999999999994                ——— 結果を表示
```

　さてさて、さっそく **Run** メニューの **Run Module** を選択してプログラムを実行してみましょう。

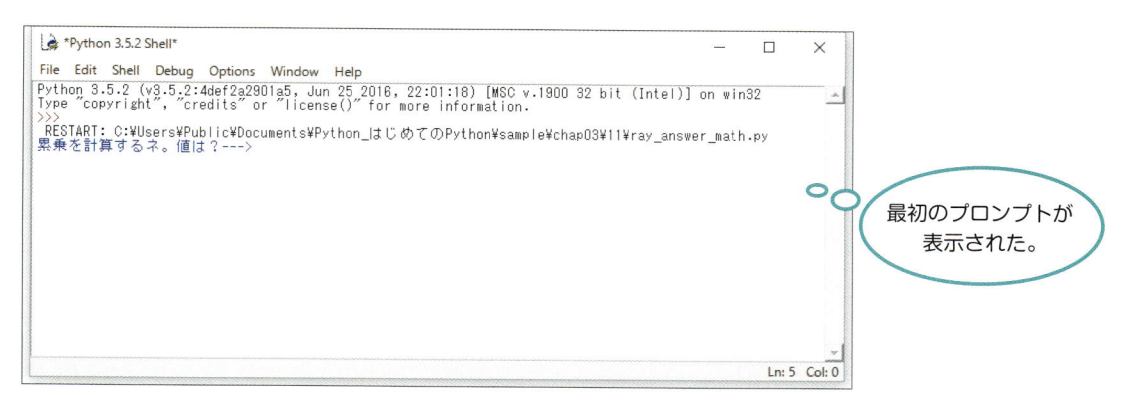

最初のプロンプトが表示された。

値を入力して [Enter] キーを押す。

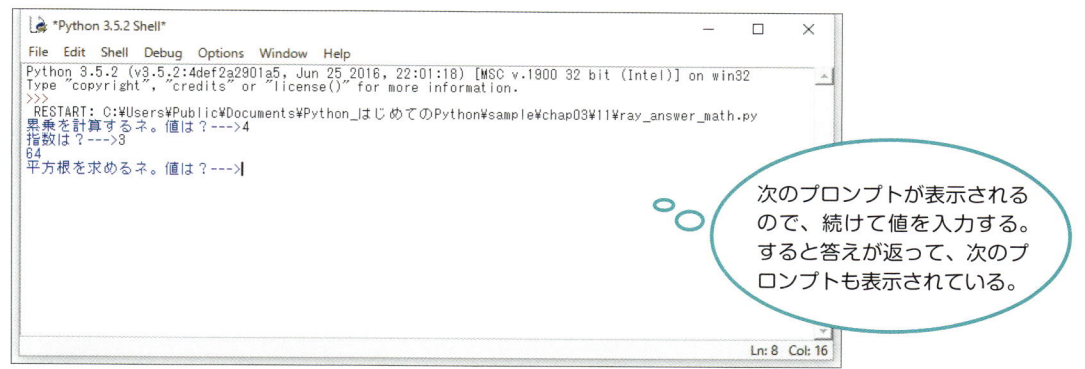

次のプロンプトが表示されるので、続けて値を入力する。すると答えが返って、次のプロンプトも表示されている。

平方根、対数、角度➡ラジアン、ラジアン➡角度、三角形の斜辺の長さ、サイン、コサイン、タンジェントの値が返された。

成功だ！

03 「出題者⇔レイ」双方向でやり取りする

mathモジュールの関数のおかげで、数学的な計算ができるようになりました。でも、コードを書いた順番で計算が行われるので、やらされている感も無きにしも非ずです。

「いくつかの計算ができるようになったけど、何の計算をするのかはあくまでソースコードを書いた順番で決まってしまう。そこで、出題者が「累乗を求めて」とか「平方根を求めて」と指示したら、その計算が行えるようにしようかネ。そうすれば少しはAIっぽくなると思うよ。制御構造というのを使うと実現できるから、マニュアル見ながらさっきのプログラムを改造してみてネ。

条件分岐でプログラムの流れを変える（if文）

「学校帰りにおやつを買いたいなと思ってコンビニに立ち寄りました。おいしそうなスイーツが400円だったので買おうとしましたが、財布の中には300円しかなかったのであきらめました。200円のバタークリーム入りのドーナツがあったので、これにしようかと思いましたがカロリーが高そうなのでやめて、代わりに130円のヨーグルトを買いました」

◆条件分岐

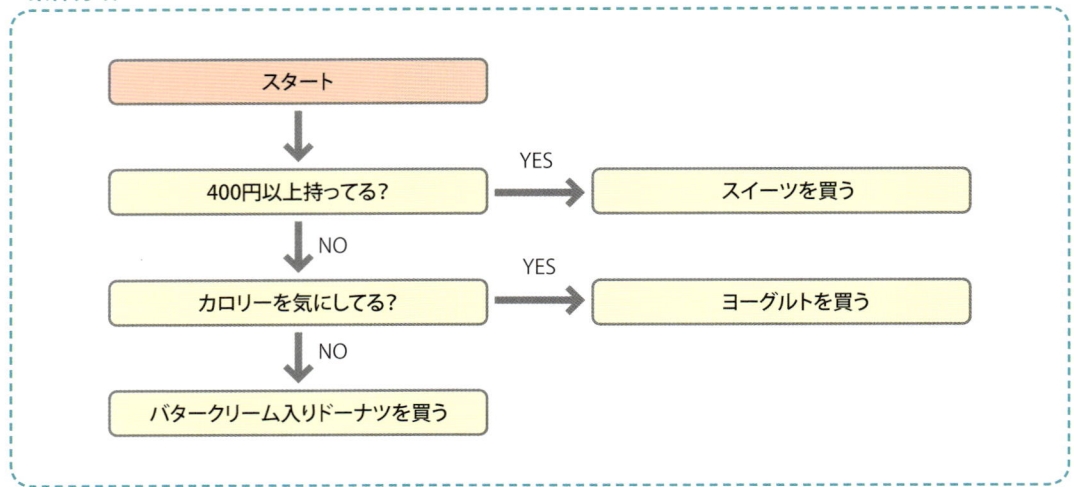

女子高生のさりげない日常のお話ですが、こういった「試行錯誤の流れ」というのは、次のように、プログラミング的に落とし込むことができます。

・400円持っていたらスイーツを買っていた。
・カロリーを気にしていなかったらドーナツを買っていた。
・スイーツもドーナツも買わなかったら、代わりにヨーグルトを買った。

この図には、2つの「もしも」があります。「もし400円持っていたら」「もしカロリーを気にしていたら」の2つです。

プログラムでは、if（もしも）というキーワードでこれを表現することができます。ifは「もし○○ならブロックの処理を実行」のように、条件○○がYESであればifの次の行に書いてある「ブロック」の部分を実行する「if文」を作る役目をします。

ブロックの部分はすべて [Tab] キーを使って字下げ（インデント）するのがポイントです。Pythonでは、ifの次の行がインデントされていれば、それをifのブロックとして扱われるからです。インデントは [Tab] キーで入力するか、半角スペース4文字ぶんで入力してください。

◆if文

書式	if 条件式:
	[Tab] 条件式がYESのときにやること①　——— ブロック
	[Tab] 条件式がYESのときにやること②
	└— インデント

◆ifの仕組み

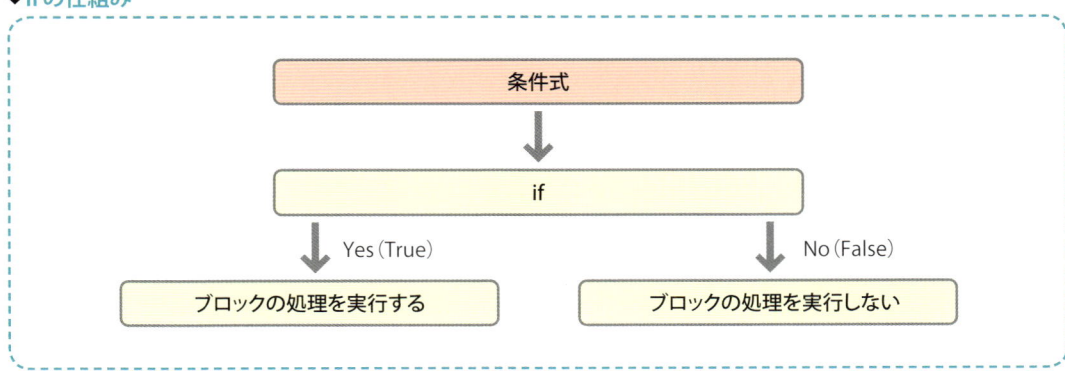

Point!　if 条件式：

「if 条件式」の最後には必ず「:」（コロン）を付けてください。

条件式を作るための「比較演算子」

ポイントになるのは条件式ですが、その名のとおり式を使って条件を表します。このとき「財布の中身 > 400円」のように「>」などの「比較演算子」という記号を使って式を作ります。

Pythonの比較演算子

比較演算子	内容	例	内容
==	等しい	a == b	aとbの値が等しければTrue、そうでなければFalse。
!=	異なる	a != b	aとbの値が等しくなければTrue、そうでなければFalse。
>	大きい	a > b	aがbの値より大きければTrue、そうでなければFalse。
<	小さい	a < b	aがbの値より小さければTrue、そうでなければFalse。
>=	以上	a >= b	aがbの値以上であればTrue、そうでなければFalse。
<=	以下	a <= b	aがbの値以下であればTrue、そうでなければFalse。
is	同じオブジェクト	a is b	aとbが同じオブジェクトであればTrue、そうでなければFalse。
is not	異なるオブジェクト	a is b	aとbが同じオブジェクトであればTrue、そうでなければFalse。
in	要素である	a in b	aがbの要素であればTrue、そうでなければFalse。
not in	要素ではない	a not in b	aがbの要素でなければTrue、そうでなければFalse。

●「=」と「==」の違いに注意

これまで何度も使ってきた「=」は代入演算子です。これに対しイコールを2つつなげた「==」は左の値と右の値が「等しい」ことを判定するための比較演算子です。

◆インタラクティブシェルで「==」を使ってみる

```
>>> a = 5          ——— aに5を代入する
>>> a == 5         ——— aの値は5と等しいかを調べる
True
>>> a == 10        ——— aの値は10と等しいかを調べる
False
```

True／Falseと真／偽

Pythonのデータ型であるbool型には、「真（正しい）」ことを表すTrueと「偽（正しくない）」ことを表すFalseの2つの型があります。

比較演算子を用いた条件式では、結果を戻り値として返しますが、これを伝える手段としてbool型のTrueとFalseが使われます。

「a == 5」と書いたとき、比較演算子==は左右の値を比較し、等しければTrue、そうでなければFalseが返されます。

■「400円以上持っていたらスイーツを買う」をコードで書いてみる

「もし400円以上持っていたら」が条件式に
なるので、これを使ってif文を作ると次のよう
になります。

```
pocket = 300          ─────── pocketに300を代入
if pocket >= 400:     ─────── pocketは400以上であるか
    print('スイーツを買ったよ！')
```

ブロックは実行されない

pocketは300なのでFalseが返される

▤ 3つの条件を織り交ぜる（if...elif...else）

　if、elif、elseを組み合わせると
「もし○○ならAを、××ならB
を、それ以外ならCを」というよう
に、条件○○、××によって違う処理を行わせ
ることができます。

◆ if...elif...elseの

```
if 条件式1 :
    条件式1がTrueになるときに実行される処理 [A]
elif 条件式2 :
    条件式2がTrueになるときに実行される処理 [B]
else :
    すべての条件式がFalseのときに実行される処理 [C]
```

　条件式1がTrueになれば、[A]が実行され
ます。条件式2がTrueになるときは[B]が実
行され、条件式1も条件式2のどちらもTrue
にならなければ、[C]の処理が実行されます。

　なお、条件式1も条件式2もTrueになる場
合は、先に書いてある条件式1の処理[A]が実
行されて終了します。
　例のコンビニでの買い物のパターンは、次の
ように表すことができます。

・もし400円持っていたらスイーツを買っていた。　　　　　　➡ if
・もしカロリーを気にしていなかったらドーナツを買っていた。　➡ elif
・スイーツもドーナツも買わなかったので、代わりにヨーグルトを買った。　➡ else

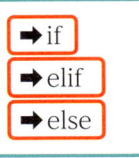

◆ コンビニでの買い物プログラム（conveni.py）

最初の条件

```
pocket = 300              ──────── pocketに300を代入
calorie = True            ──────── calorieをTrueを代入
if pocket >= 400:         ──────── pocketは400以上であるか
    print('スイーツを買ったよ！')
elif calorie != True:     ──────── calorieはTrueではないか
    print('バタークリームドーナツ買ったよ！')
else:                     どの条件も成立しない場合にブロックの処理を実行
    print('ヨーグルト買った...')
```

最初のifが成立しない場合に評価される

◆ 実行結果

ヨーグルト買った...

　ifの「400円以上持っているか」に、elifの「calorieはTrueではないか」の条件式とelseを加えました。

　まず、1つ目の条件式「pocketは400以上であるか」が評価され、Trueであれば'スイーツを買ったよ！'と表示し、Falseの場合は次のelifの「calorieはTrueではない」の条件が評価されます。

　Trueの場合（calorieがFalse）は、'バタークリームドーナツ買ったよ！'と表示され、False（calorieがTrue）の場合はelseのブロックが実行されます。

　elifは必要なぶんだけ書けるので、「もしAであれば」「もしBであれば」…と、どんどん続けていくことができます。

　最後の「受け皿」になる、つまり、どの条件も成立しなかったときに実行されるのがelseのブロックですが、不要であればelseは書かなくてもかまいません。逆にいえば、「どの条件も成立しなかったときに行いたい処理がある」場合にのみ、else以下のブロックを書きます。

⠿ 問題の内容を伝えると反応するようにしよう

（わたし）

数学問題を解くプログラムは、累乗をはじめとする7項目の計算に対応していますので、1つのifと6個のelifで何とかなりそうです。

処理を分けるための条件式をどうするかが問題ですが、出題者（プログラムを実行するユーザー）が入力した値を使って式を組み立てればいいのではないでしょうか。

◆双方向型の計算プログラムのイメージ

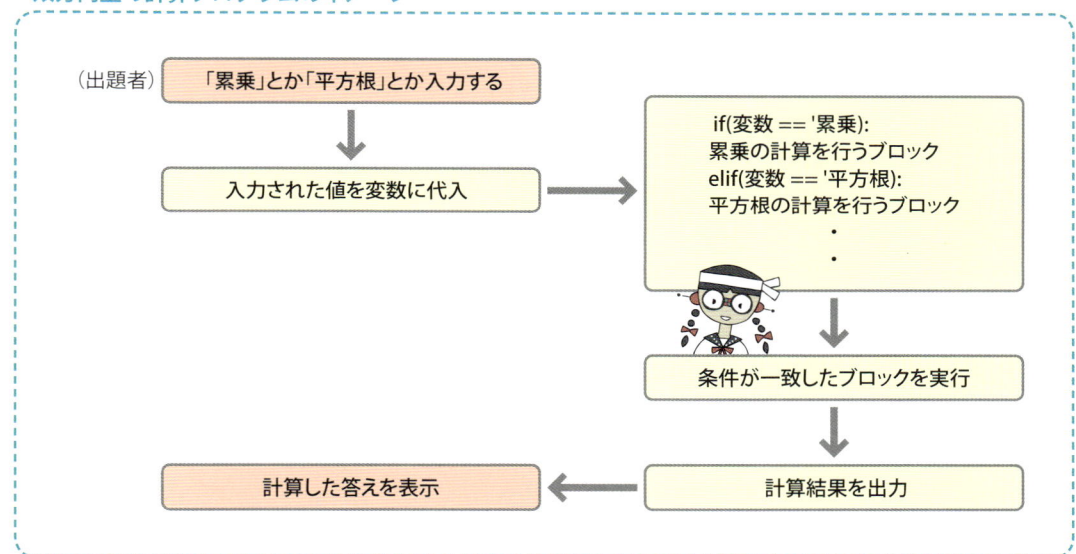

プログラムでは、出題者が入力した「累乗」とか「平方根」という文字列をinput()関数で変数に代入しておけば、あとはif...elifで条件式を設定して、それぞれのブロックを書いていけばよいかと思います。

各ブロックは、先に作成した「ray_answer_math.py」のコードをそれぞれのブロックで行うべき計算内容に合わせて移し替えるだけです。

◆計算内容を指定して問題を解いてもらう（ray_anser_problem.py）

```
import math
problem = input('問題はナニ?>')

if (problem == '累乗'):
    num = input('累乗を計算するネ。値は? --->')      ──── 累乗を計算するブロック
    index = input('指数は? --->')
    ans = int(math.pow(int(num),
```

```
                    int(index)))
    print(str(ans))


elif (problem == '平方根'):
    root = input('平方根を求めるネ。値は？ --->') ———————————— 平方根を計算するブロック
    ans = math.sqrt(int(root))
    print(str(ans))


elif (problem == '対数'):
    print('対数を求めるネ') ———————————————————————————— 対数を計算するブロック
    m = input('真数は？ --->')
    p = input('底とする値は？ --->')
    ans = math.log(int(m),int(p))
    print(str(ans))


elif (problem == '角度をラジアンに変換'):
    degree = input('角度をラジアンに変換するネ。角度は何度？ --->') ——— 角度➡ラジアンを計算するブロック
    ans = math.radians(int(degree))
    print(str(ans))


elif (problem == 'ラジアンを角度に変換'):
    radian = input('ラジアンを角度に変換するネ。ラジアンは？ --->') ——— ラジアン➡角度を計算するブロック
    ans = math.degrees(float(radian))
    print(str(ans))


elif (problem == '三平方の定理'):
    print('直角三角形の斜辺の長さを求めるヨ') ———————————————— 三角形の斜辺を計算するブロック
    x = input('1辺の値は？ --->')
    y = input('他の1辺の値は？ --->')
    ans = math.hypot(int(x),int(y))
    print(str(ans))


elif (problem == '三角関数'):
    angle = input('sin、cos、tanを求めるね。角度θは？ --->') ———— 三角関数を計算するブロック
    sin = math.sin(math.radians(int(angle)))
    cos = math.cos(math.radians(int(angle)))
    tan = math.tan(math.radians(int(angle)))
    print('sin' + angle + ' = ' + str(sin))
    print('cos' + angle + ' = ' + str(cos))
```

「レイ」を電卓レベルまでにしてあげよう

```
        print('tan' + angle +  ' = ' +  str(tan))


else:
    print('？')          ─────── どの条件も成立しない場合は「？」と表示する
```

　こんな感じでどうでしょうか。では、さっそくプログラムを実行してみましょう。

◆ 実行結果

問題はナニ？> 対数	─────── 「対数」と入力
対数を求めるネ	─────── 対数を求めるブロックが実行される
真数は？ --->4	─────── 「4」と入力
底とする値は？ --->256	─────── 「256：」と入力
0.25	─────── 計算結果が表示された

　どんな計算をするのかを知らせてから、それに見合った計算処理ができるようになりました。

　でも、これだと何かの計算を1回行うと、そこでプログラムが終了してしまうので、繰り返し、いろんな問題を解いてもらうことはできません。これは次回の課題になるのかな。

> ソースコードは最上位の行から順番に実行されるけど、ifを使って実行するコードを分岐させたのが今回のお題でした。
> でも、処理を1回こっきりで終わらせたくない、当然そんなこともプログラムには必要です。こんなときは、ソースコードのある部分を行ったり来たりして「何度も繰り返す」ためのテクニックを使うことになります。

04 繰り返して問題を解く

「問題を出題する➡問題を解いて応答を返す」というパターンは出来上がりました。
せっかくですので、「出題➡解答」のパターンを繰り返すことはできないのでしょうか。

「せっかく7つのパターンの問題を解けるのに、1回こっきりでプログラムが終わってしまうのはもったいないし、面白みがないよネ。そこで「処理の繰り返し」というのを使って「質問➡

解答」を何度でも繰り返せるようにしてみてみよう。でもいつかは終了しないといけないから、そのときは、出題者が「OK」と入力した時点でプログラムを終了するようにするといいヨ。」

何度も同じことをする（while）

「起きて！」と知らせるアラーム型のプログラムを作ろうと思ったら、1回だけじゃ起きないこともあるので、2回、3回と連続して知らせてあげることが必要です。

でも、1つの処理を何度も書くのは面倒なの

で、できれば、指定した回数だけ同じ処理を繰り返してもらいたいところです。

Pythonには、処理を繰り返すためのキーワードとしてwhileがあります。whileには「条件を指定して繰り返す」という特徴があります。

◆while による繰り返し

書式	while 条件式 : 　　繰り返す処理

whileに「〜の間」という意味があるように、whileは「条件が成立している限り」、つまり「条件式がTrueである限り」処理を繰り返します。

'whileは条件がTrueである限り繰り返す'という文字列を5回、画面に表示する場合を考えてみましょう。

まず、回数を数える変数counterに0を代入しておき、「5より小さい間」を条件式にします。

あとは、繰り返して実行したい処理としてprint()関数と、counterに1を足すコードをwhileのブロックとして書けばOKです。

「レイ」を電卓レベルまでにしてあげよう

◆ while で処理を 3 回繰り返す

```
counter = 0
while counter < 3:

    print('whileは条件がTrueである限り繰り返す')
    counter = counter + 1
```

—— whileの処理が終わったらここへ進む

◆ 実行結果

```
whileは条件がTrueである限り繰り返す
whileは条件がTrueである限り繰り返す
whileは条件がTrueである限り繰り返す
```

whileは、条件式が成立してTrueが返れば ブロック内の処理を実行し、再びwhileの先頭 に戻るということを繰り返します。

whileブロックの範囲は「インデントして書 かれたソースコード」です。繰り返しの処理が 終ればブロックの次に書かれている処理に 進みます（これを「ブロックを抜ける」といいま す）。

ブロックを抜けたところに何も書かれてい ない場合は、この時点でプログラムが終了しま す。

◆ while による処理の流れ

1回目: whileが最初に実行されたときはcounterの値は0ですので、「counter < 5」はTrueになり、 print()関数が実行されcounterに1が加算されます。

2回目: counterの値は2なので、print()関数が実行されcounterに1が加算されます。

3回目: counterの値は3なので、print()関数が実行されcounterに1が加算されます。

▓▓▓「さよなら」と入力されるまで処理を繰り返す

whileを使えば、「○○である限り無限に処理を繰り返す」というプログラムを作れます。処理を終えるタイミングは、内部のif文で決めます。

◆ 条件が成立すれば無限ループを終了（while_break）

```
while True:                           ─── whileの条件式をTrueに固定する
    str = input('何か入力して->')
    if str == 'さよなら':              ─── 条件成立でループ終了
        print('バイバイ')
        break
    print(str + 'と入力されました')      ─── 条件が成立しない限り繰り返す処理をここに書く
```

'さよなら'と入力されたらループ（繰り返し）を止めます。breakはループを止めるためのキーワードです。

プログラムがbreakにさしかかった時点でループを抜けるので、ここではwhileブロックを抜けて次の行に進む（次の行は何もないのでプログラムが終了する）ことになります。

もし、breakを入れなかったら「無限ループ」という無限の繰り返しになり、プログラムが暴走する事態になってしまいます。whileの条件そのものをTrueにしているので、永遠の繰り返しになるためです。

ですが、if文でチェックしてbreakで抜けるようにすれば、無限ループを止めることができます。

なぜこんなことをするのかというと、「繰り返す回数はわからないがある条件が成立したら繰り返しを止める」ための手段なのです。

◆ 実行結果

```
何か入力して->こんちは
こんちはと入力されました        ─── whileのブロックが実行される
何か入力して->いい天気だね
いい天気だねと入力されました     ─── whileのブロックが実行される
何か入力して->さよなら
バイバイ                      ─── whileのブロックから抜ける
```

繰り返し数学の問題を解く

なるほど、whileで無限ループを作っておいて、ある条件が成立したところでループを止めればいいわけですね。

レイの場合は、プログラム全体をwhileで無限ループにすれば、「出題➡解答」を繰り返すことができます。でも、延々と繰り返すわけにはいかないので、'OK'と入力したらwhileブロックを抜けるようにすればいいですね。レイは常に'問題はナニカナ?>'って表示するから'平方根'とか'累乗'って入力せずに'OK'が入力されたら終了、ってことで。

あと、出題する内容('累乗'とか'平方根'など)とは関係ない文字列が入力されたときは「？」と表示するようにしましょうか。

◆繰り返し問題を解くプログラムの骨格

```
while True                              ─── 無限ループにする
    problem = input('問題はナニカナ?>')    ─── プロンプトを表示
    if (problem == 'OK'):               ─── OKと入力されたか？
        break                           ─── ループを抜けて終了
    elif (problem == '累乗'):            ─── それぞれの計算を行うelifブロック
        …累乗を計算するブロック…
    .
    .
    else:                               ─── 問題とは関係ない文字列が入力されたとき
        print('？')                     ─── ？と表示
```

今回は、「出題➡解答」を繰り返すわけだけど、回答するのと同時に'問題はナニカナ?>'のプロンプトを表示するのは、イカニモ機械っぽいよね。なので、「problem = input('問題はナニカナ?>')」を実行する前に1秒間待つことにしよう。

timeというモジュールをインポートするとsleep()という関数が使えるようになるので「time.sleep(1)」と書くと、ここで1秒間、プログラムが停止する。引数に秒数を指定すればいいんだね。

ちょっと難しいかもしれないケド、input()関数の前に書いておけば1秒経ってからプロンプトが表示されるので、動きとしては自然な雰囲気が出せるはずだナ。些細なことだけど、AIに「人間に近いそぶり」をさせるのも大事なことだからネ。

またしてもチャットで侵入してきましたな、博士。い、1秒間のブランクか…、とにかくinput()関数の前に書いておけばいいですね。そしたら1秒経ってからプロンプトが表示され、「自然な感じ」が演出できるはずですから。

書くことが多くなっちゃったけど、前に作った「ray_answer_problem.py」を改造して新しいモジュール「ray_answer_problem_roop.py」を何とか作ってみましょう。

```
import math
import time ──────────────────────────────────────────────────────── ❶
while True: ────────────────────────────────────────────────────────── ❷
    time.sleep(1) ──────────────────────────────────────────────────── ❸
    problem = input('問題はナニカナ?>')

    if (problem == 'OK' ───────────────────────────────────────────── ❹
        print('またね〜')
        break

    elif (problem == '累乗'): ──────────────────────────────────────── ❺
        num = input('累乗を計算するネ。値は? --->')
        index = input('指数は? --->')
        ans = int(math.pow(int(num),
                            int(index)))
        print(str(ans))

    elif (problem == '平方根'): ─────────────────────────────────────── ❻
        root = input('平方根を求めるネ。値は? --->')
        ans = math.sqrt(int(root))
        print(str(ans))

    elif (problem == '対数'): ──────────────────────────────────────── ❼
        print('対数を求めるネ')
        m = input('真数は? --->')
        p = input('底とする値は? --->')
        ans = math.log(int(m),int(p))
        print(str(ans))

    elif (problem == '角度をラジアンに変換'): ──────────────────────────── ❽
        degree = input('角度をラジアンに変換するネ。角度は何度? --->')
        ans = math.radians(int(degree))
        print(str(ans))

    elif (problem == 'ラジアンを角度に変換'): ──────────────────────────── ❾
        radian = input('ラジアンを角度に変換するネ。ラジアンは? --->')
        ans = math.degrees(float(radian))
        print(str(ans))

    elif (problem == '三平方の定理'): ────────────────────────────────── ❿
        print('直角三角形の斜辺の長さを求めるヨ')
        x = input('1辺の値は? --->')
```

```
        y = input('他の1辺の値は? --->')
        ans = math.hypot(int(x),int(y))
        print(str(ans))

    elif (problem == '三角関数'):  ───────────────────⓫
        angle = input('sin、cos、tanを求めるね。角度θは? --->')
        sin = math.sin(math.radians(int(angle)))
        cos = math.cos(math.radians(int(angle)))
        tan = math.tan(math.radians(int(angle)))
        print('sin' + angle +  ' = ' +  str(sin))
        print('cos' + angle +  ' = ' +  str(cos))
        print('tan' + angle +  ' = ' +  str(tan))

    else:  ──────────────────────────────────────⓬
        print(' ? ')
```

❶ import time

プログラムを停止するsleep()関数を使うために、timeモジュールをインポートします。

❷ while True:

whileの条件式をTrueに固定して、プログラムのすべての処理を無限ループにします。

❸ time.sleep(1)

whileのブロックに入ったら、プログラムを1秒間停止します。こうすることで、次の問題に進む際に、常に1秒経ってから'問題はナニカナ?>'のプロンプトが表示されるようになるはずです。

❹ if (problem == 'OK'):

「OK」と入力されたら、whileループを抜けます。ループを抜ける処理は最初に書いておくといいんだそうです。そうすると、OKが入力された時点で、あとに続くelifがチェックされないので効率的なのだとか。確かにbreakするブロックは重要なので、もろもろのelifと一緒に書くのではなく、真っ先にifでチェックした方がいいですもんね。

❺ elif (problem == '累乗'):

ここから各種の計算を行うelifのブロックが⓫まで続きます。

⓬ else:

出題の内容を表す文字列、または「OK」以外の文字列が入力された場合は、この部分が実行されます。ブロックの処理として「print(' ? ')」を実行して画面に「?」と表示します。

「自然な動き」をするのかよくわかりませんが、まずは実行してみることにします。

「レイ」を電卓レベルまでにしてあげよう

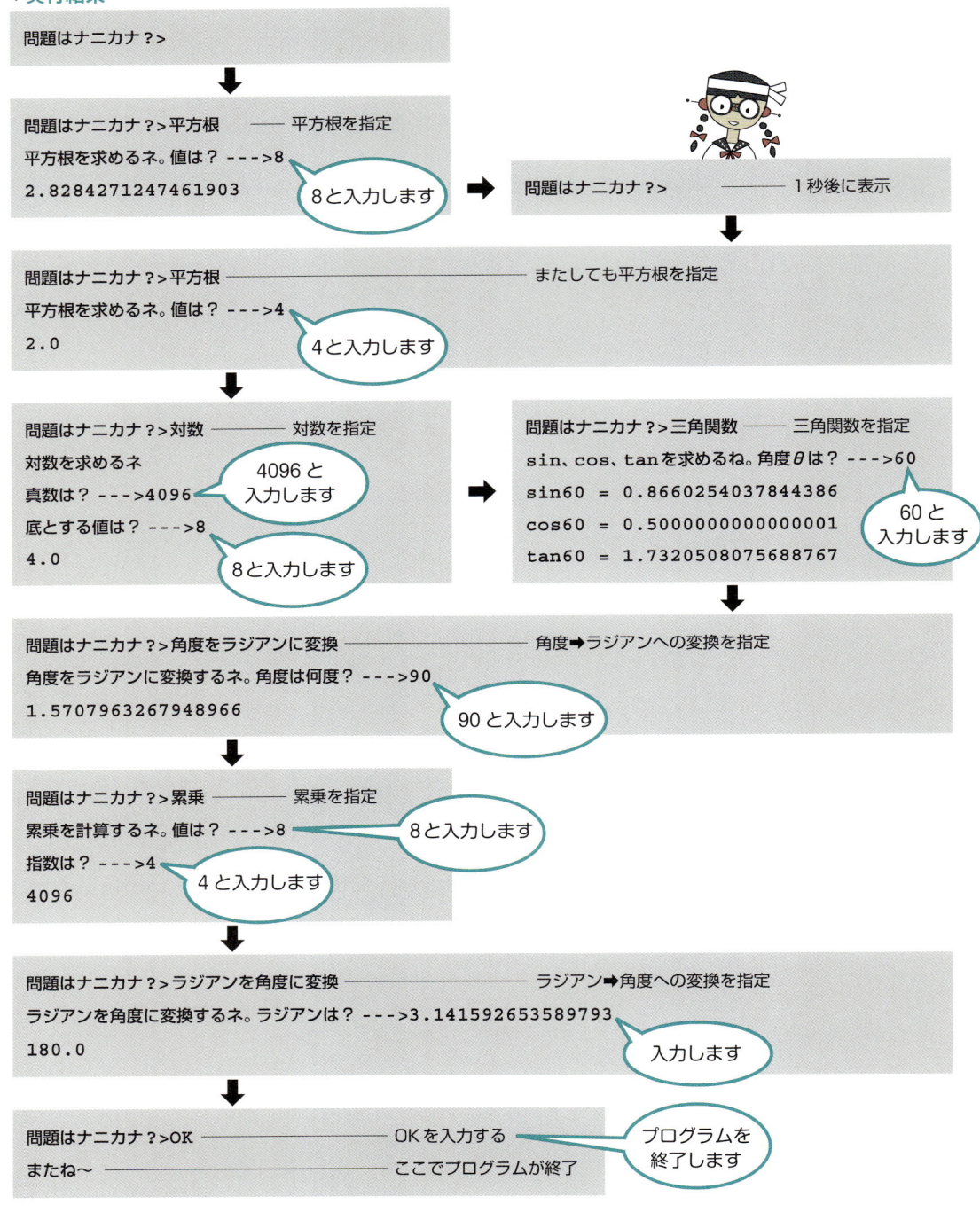

問題はナニカナ？＞

問題はナニカナ？＞平方根 —— 平方根を指定
平方根を求めるネ。値は？ ---＞8
2.8284271247461903
（8と入力します）

問題はナニカナ？＞ —— 1秒後に表示

問題はナニカナ？＞平方根 —— またしても平方根を指定
平方根を求めるネ。値は？ ---＞4
2.0
（4と入力します）

問題はナニカナ？＞対数 —— 対数を指定
対数を求めるネ
真数は？ ---＞4096
底とする値は？ ---＞8
4.0
（4096と入力します）
（8と入力します）

問題はナニカナ？＞三角関数 —— 三角関数を指定
sin、cos、tanを求めるね。角度θは？ ---＞60
sin60 = 0.8660254037844386
cos60 = 0.5000000000000001
tan60 = 1.7320508075688767
（60と入力します）

問題はナニカナ？＞角度をラジアンに変換 —— 角度➡ラジアンへの変換を指定
角度をラジアンに変換するネ。角度は何度？ ---＞90
1.5707963267948966
（90と入力します）

問題はナニカナ？＞累乗 —— 累乗を指定
累乗を計算するネ。値は？ ---＞8
指数は？ ---＞4
4096
（8と入力します）
（4と入力します）

問題はナニカナ？＞ラジアンを角度に変換 —— ラジアン➡角度への変換を指定
ラジアンを角度に変換するネ。ラジアンは？ ---＞3.141592653589793
180.0
（入力します）

問題はナニカナ？＞OK —— OKを入力する
またね〜 —— ここでプログラムが終了
（プログラムを終了します）

うまくいったみたいです。こちらの意図に沿って、「OK」を入力するまでいろんな計算をしてくれました。elifのブロックはいくつでも書けるので、もっといろんな計算ができるようにしてもいいかもしれませんね（いまはやらないけど）。

Chapter 4

英語は文型で覚える（文字列の操作）

01 文字列操作のキホン

プログラミングというと「数学が得意な人」がするものだと思ってましたが、実際は
数値を操作するよりも文字列を操作することの方がはるかに多いみたいです。

今回は、レイに英語の勉強をさせてみようと考えてるのネ。そのためには文字列というものをあれこれ操作することが必要になるから、まずはマニュアルを読んで、文字列の基本的な操作について学んでおいてネ。

文字列を途中で改行する

トリプルクォート「'''」、または「"""」を使うと、文字列の途中に改行を入れることができます。

◆ print()関数で改行が含まれる文字列を出力する (str1.py)

```
print('''こんにちは
Python!''')
```

◆ 実行結果

```
こんにちは
Python!
```

◆ 改行してスペースを入れてみる

```
print('''こんにちは
        Python!''')
```

◆ 実行結果

```
こんにちは
        Python!
```
——————— スペースもそのまま出力される

◆ インタラクティブシェルで試してみる

```
>>> '''こんにちは
Python!'''
'こんにちは¥nPython!'
```
——————— 改行されずに「¥n」が表示された

print()関数ではちゃんと改行されましたが、インタラクティブシェルで実行すると、改行したところに「¥n」と表示されただけで、改行は行われていません。print()関数は改行などの書式情報を反映して出力するのに対し、インタラクティブシェルは書式よりもデータそのものを出力するようになっているためです。

例えば、「a = 10」と入力したあと「a」を入力して Enter キーを押すと「10」が表示されるように、「データの中身を見せる」のが役目なのです。

では、この「¥n」とは何でしょうか。実は¥nは改行をするための記号（エスケープシーケンス*）です。実際は「n」が改行を表すのですが、これだと文字列なのか改行なのかがわからないので、「¥」を使って（エスケープすることで）あとに続く文字に特別な意味を与えているのです。

「¥n」を入れるとその場で改行されるので、トリプルクォートを使ったときのように実際に改行しなくても、1行のコードで複数行の文字列を作ることができます。

なお、「¥」は本来、バックスラッシュの記号ですが、日本語環境の多くでは「¥」（円記号）として表示されます。このようなエスケープシーケンスには、次のようなものがあります。

主なエスケープシーケンス

記号	説明
¥n	改行（Line Feed）
¥t	タブ
¥'	文字としてのシングルクォーテーション
¥"	文字としてのダブルクォーテーション
¥¥	文字としてのバックスラッシュ

◆**「¥n」で改行する**

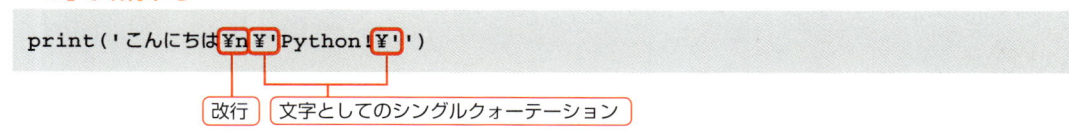

```
print('こんにちは¥n¥'Python!¥'')
```

改行　　文字としてのシングルクォーテーション

◆**実行結果**

```
こんにちは　　──── ここで改行
'Python!'　　──── シングルクォーテーションも出力される
```

＊**エスケープシーケンス**　¥を使って特別な意味を与えた文字のこと。

｜" こ ん " ＋ " に ち は "｜｜ や っ た ね！ ＊ 4 ｜ （文字列の連結と繰り返し）

演算子の「＋」は足し算を行う演算子ですが、これは＋の左と右が数値のときに限ります。「＋」の左 右が文字列の場合は、文字列同士を結合する「文字列結合演算子」として機能するようになります。

◆ 文字列結合演算子の「+」で連結する（**str2.py**）

```
a = 'こん'
b = 'にちは'
print(a + b)          ——— 変数aとbに代入されている文字列を連結する
print(a + 'ばんは')   ——— 変数aの文字列と文字列そのものを連結する
```

◆ 実行結果

```
こんにちは
こんばんは
```

前にも少し触れましたが、print()関数は、「,」で区切ることで異なる文字列を連続して表示できますが、間にスペースが入ります。

連結した文字列をスペースで区切るような場合は、この方法を使うとよいでしょう。

◆「,」で区切って連続して表示する

書式	print(a, b)

◆ 実行結果

```
こん  にちは
```
└─ 間にスペースが入る

間にスペースを入れたくなかったら
print(a + b)
のように a と b を連結しちゃえばいいんですね。

「＊」で直前の文字列を繰り返す

　文字列のあとに「＊ 整数」と書くと、「＊」は直前の文字列を繰り返す演算子として機能するようになります。

◆「＊ 整数」で直前の文字列を繰り返す

```
start = 'わく' * 4 + '¥n'        ——— 「* 4」で「ようこそ」を4回繰り返して改行
middle = 'ドキ' * 3 + '¥n'       ——— 「* 8」で「!」を3回繰り返して改行
end = '楽しいなー！'
print(start + middle + end)      ——— a、b、cの文字列を連結して表示
```

◆ 実行結果

```
わくわくわくわく
ドキドキドキ
楽しいなー！
```

英語の格言を暗記して答えよう

　なるほどですね、ひとくちに文字列っていってもそこはプログラムですから、プログラム的な処理でいろいろできるわけです。

　では、トリプルクォートで改行を含む文章を作る例として、レイに英語の格言をいくつか覚えてもらいましょうか。

◆ 偉人の格言を答える（proverb.py）

```
edison ='''Everything comes to him          ————————————————— ❶
who hustles while he waits.'''

picasso = '''I am always doing that which I can not do,—————— ❷
in order that I may learn how to do it.'''

socrates = '''he way to gain a good reputation is to endeavor ———— ❸
to be what you desire to appear.'''
while True:                                 ——————————————————— ❹
    proverb = input('誰の格言ですか？ >')   ————————————————— ❺
```

```python
    if proverb == 'OK':                               ──⑥
        print('またね〜')
        break
    elif proverb == 'エジソン':                        ──⑦
        print(edison)
    elif proverb == 'ピカソ':                          ──⑧
        print(picasso)
    elif proverb == 'ソクラテス':                       ──⑨
        print(socrates)
    else:                                             ──⑩
        print('わかんないよ〜')
```

❶は、発明家のトーマス・エジソンの格言「待っている間もがんばる人にすべてのものはやってくる」です。

❷は、芸術家パブロ・ピカソの格言「私はいつも自分のできないことをしている。そうすればそのやり方を学べるからだ」です。

❸は古代の哲学者曽ソクラテスの格言「良い評判を得る方法は、自分自身が望む姿になるよう努力することだ」です。

❹で「質問➡答え」を繰り返すwhileループに入ります。❺では、インタラクティブシェルで入力された偉人の名前をinput()関数で取得します。まず、❻で入力された文字列が'OK'であるかをチェックします。そうであれば、

whileを抜けてプログラムを終了します。

❼〜❾が格言を表示するためのelifブロックです。今回は3つの格言を変数に代入しておきましたので、'Edison'と入力された場合は変数edisonの文字列を表示します（❼）。

同じように'Picasso'と入力された場合は変数picassoの文字列を表示（❽）、'Socrates'と入力された場合は変数socratesの文字列を表示するようにしました（❽）。

❿は、'OK'、'Edison'、'Picasso'、'Socrates'以外の文字列（Enterキーを押しただけの空文字も含みます）が入力された場合に'わかんないよ〜'と表示します。覚えた格言は3つだけなので、しょうがないですね。

◆ 実行結果

```
誰の格言ですか？ >エジソン                            ── 入力する
Everything comes to him
who hustles while he waits.
誰の格言ですか？ >ピカソ                              ── 入力する
I am always doing that which I can not do,
in order that I may learn how to do it.
誰の格言ですか？ >プラトン                            ── 入力する
わかんないよ〜
誰の格言ですか？ >OK                                  ── OKで終了
またね〜
```

文の中から必要な文字だけ取り出そう

ブランケット[]を使うと、文字列の中から特定の文字を取り出すことができます。例えば、「わたしはレイです」という文字列から「レイ」の部分だけを取り出すといったことができます。

◆文字列から1文字取り出す

書式
> 文字列[インデックス]

インデックスというのは、文字の位置を示す数値のことで、文字列の先頭を「0」として数えます。2番目が「1」、3番目が「2」と続きます。

ただし、文字列の長さ以上のインデックス(6文字の場合は「6」以上の数)を指定するとエラーになります。指定できるのは、最大で文字数から1を引いた数までです。

逆に、最後尾の文字のインデックスは「-1」で指定できるので、右端までの文字数を数える必要はありません。右端の左は「-2」、そのまた左は「-3」と続きます。

◆文字列の先頭の文字を取り出す（インタラクティブシェルで実行）

```
>>> '2の3乗は8'[0]        ——— 先頭文字のインデックスは「0」
'2'
```

変数に代入した文字も、同じように取り出せます。

◆変数に格納された文字列から取り出す（インタラクティブシェルで実行）

```
>>> a = '2の3乗は8'
>>> a[2]          ——— 3つ目の文字を取り出す
'3'
>>> a[-1]         ——— 右端の文字を取り出す
'8'
```

◆インデックス

```
a = '2の3乗は8'
2      の      3      乗      は      8
|      |       |      |       |      |
a[0]  a[1]   a[2]   a[3]          a[5]またはa[-1]
                    a[4]またはa[-2]
```

∷ [:]、[インデックス:]で文字列を切り出す

[:]や[::]を使うと、任意の位置の文字列、または文字をスライスできます。

文字列の中から必要な箇所だけ抜き出したい、あるいは不要な文字を取り除きたい、と

いった場合に使える方法です。

次のように書くと、インデックスで指定した位置の文字から末尾までの文字をまとめてスライスできます。

◆ 指定した位置から末尾までをスライス

書式	対象の文字列[開始位置のインデックス:]

◆ [:]でスライス

```
>>> verb = 'singing'        ——— 全部で7文字
>>> verb[:]                 ——— インデックスを指定しない
'singing'                   ——— すべての文字がスライスされる
>>> verb[4:]                ——— インデックスを4にして5文字目以降をスライスする
'ing'                       ——— 5文字目から末尾までの文字列がスライスされる
```

インデックスにマイナスを付けると右端を−1から数えますので、次のように[-3:]とすれば、末尾から数えて3文字目から末尾までの範囲をスライスします。

◆ スライスする先頭文字をマイナスのインデックスで指定

```
>>> verb[-3:]
'ing'        ——— 末尾から3つ目の文字から末尾までをスライス
```

∷ [:インデックス]で先頭からインデックス−1までの文字列をスライスする

次のように書くと、先頭の文字からインデックスの位置より手前までの文字列をスライスします。

インデックスは0から始まるので、3番目の

文字はインデックス「2」ですが、スライスされるのはインデックスの手前にある文字までです。先頭から3番目の文字までをスライスするには[:3]と指定すればOKです。

◆ 先頭から指定した位置までをスライス

書式	対象の文字列[:終了位置のインデックス]

◆ **先頭から任意の位置までをスライスする**

```
>>> verb = 'singing'
>>> verb[:0]
''                  ───── 0を指定すると何もスライスされない
>>> verb[:4]        ───── 4を指定すると先頭の文字から4文字目までの範囲がスライスされる
''sing''
```

次のように[:-3]を指定した場合は、末尾から3文字目までがスライスされます。言い換えると、末尾から-3してスライスされることになるので、直観的にわかりやすいかと思います。

◆ **末尾から指定してスライスする**

```
>>> verb[:-3]
'sing'
```

［インデックス：インデックス］で指定した範囲の文字列を取り出す

これまでのパターンを繰り合わせて、次のように書くと、指定した範囲の文字列をスライスできます。

◆ **範囲を指定してスライス**

書式 対象の文字列[開始インデックス : 終了インデックス]

開始位置を示すインデックスは実際の文字の位置から-1した数

終了位置を示すインデックスより手前までがスライスされる

◆ **範囲を指定してスライス**

```
>>> verb = 'singing'
>>> verb[0:4]     ───── 先頭から4文字目までをスライス
'sing'
>>> verb[1:-2]    ───── 2文字目から末尾から数えて2文字目より手前までをスライス
'ingi'
>>> verb[-3:-1]   ───── 末尾から3文字以降、末尾から1文字より手前までをスライス
'in'
```

verb[1:-2]は、「2番目の文字からスライスするが末尾の2文字を除く」と考えた方がわかりやすいでしょう。

次のように書くと、先頭のインデックスからステップで指定した文字数ごとに、末尾インデックスから−1した位置までの文字（1文字）を繰り返しスライスできます。

ちょっとわかりづらいので、ステップ数のみを指定してスライスしてみましょう。

◆ **指定した範囲からステップ数ごとに末尾インデックスまでを1文字ずつスライス**

書式	対象の文字列[開始インデックス:終了インデックス:ステップ]

◆ **ステップ数のみを指定してスライス**

```
>>> str = '1,2,3,4,5,6,7,8,9'
>>> str[::1]                ——— ステップの数は「1」
'1,2,3,4,5,6,7,8,9'         ——— 1文字ごとにスライスしても何も変わらない
>>> str[::2]                ——— ステップの数は「2」
'123456789'                 ——— 先頭から2文字ごとにスライス
>>> str[2:-2:2]             ——— 先頭と末尾を指定して2文字ごとにスライス
'2345678'
```

先頭から末尾まで2文字ごとにスライスされていくので、「,」が飛ばされて、その次の数字のみがスライスされました。

この方法を使えば、9までの数なら、途中の「,」を取り除くことができます。

逆さ言葉を答えてみよう

ステップの数をマイナスにすると、末尾から逆順にステップしていくという面白い現象が起こります。あまり意味がないかもしれませんが、逆さ言葉を答えるプログラムです。

◆ **文字列を逆順に並び替える（back_slang.py）**

```
str = input('逆さまにするよ→')
print(str[::-1])    ——— ステップを-1にして文字列を逆順に並び替える
```

◆ **実行結果**

```
逆さまにするよ→あたしはレイです
すでイレはしたあ
```

英語は文型で覚える（文字列の操作）

02 規則動詞の現在分詞と過去形を答える

前のセクションは、ひたすら文字列の操作について学習しました。今回は、学習した内容を使ってレイに「学習」してもらうプログラムの作成です。

文字列操作のキホンをおさえたところで、レイの学習プログラムを作ってもらうことにするかネ。

レイに英語の勉強をさせてみたいから、動詞の現在分詞（〜ingが付いたヤツだ）と過去形を答えるようにしてみてくれるかナ。不規則動詞までを含めると大変だから、基本の規則動詞に対応させてもらえばOKだヨ。

規則動詞を「現在分詞」と「過去形」に変化させたものを答える

英語の勉強で現在形とか、進行形、過去形とかやりましたが、これが単純ではありませんよね。lieはlieingじゃなくてliyingだったり、getはtを重ねてgettingだったりとか。過去形だってたんに「ed」を付けるだけじゃだめなパターンがいろいろあります。これって前回学んだ文字列操作で何とかなるもんですか、博士？

たんに動詞の原形に「ing」を付ければ現在分詞、「ed」を付ければ過去形になるのかといえば、そうではないものもあるのが悩ましいところだね。そこでだ、現在分詞と過去形ごとにパターンを分けて、それぞれどう対応するかをまとめてみたヨ。

●現在分詞を作る

❶「〜ie」で終わる動詞はyingにする。

末尾から2文字が「ie」であるかを調べ、replace()メソッドで末尾の「ie」を「ying」に書き換えます。

```
l[ie] ➡ l[iying]     d[ie] ➡ d[iying]
```

❷ 「〜e」で終わる語はeを取ってingを付ける。

末尾の文字が「e」であるかを調べ、replace() メソッドで末尾の「e」を「ing」に書き換えます。

```
tak[e] ➡ tak[ing]    mak[e] ➡ mak[ing]    us[e] ➡ us[ing]
```

❸ 「〜c」で終わる動詞は「king」を付ける。

末尾の文字が「c」であるかを調べ、動詞の末尾に＋演算子で「king」を連結します。

```
picni[c] ➡ picnic[king]    pani[c] ➡ panic[king]    mimi[c] ➡ mimic[king]
```

❹ 「長母音＋子音」で終わる動詞は末尾に「ing」を付ける。

末尾から3文字目と末尾から2文字目が母音（a、i、u、e、o）であるかを調べ、＋演算子で「ing」を連結します。

```
r[ee][d] ➡ reed[ing]    r[ea][d] ➡ read[ing]    r[oa][d] ➡ road[ing]
r[ai][n] ➡ rain[ing]    l[oo][k] ➡ look[ing]    c[oo][k] ➡ cook[ing]
```

❺ 「短母音＋子音」で終わる動詞は「子音字を重ねてing」を付ける。

末尾から2文字目が母音（a、i、u、e、o）であるかを調べ、＋演算子で「子音字」と「ing」を連結します。

```
g[et]    ➡ get[ting]     r[un]  ➡ run[ning]     sw[im] ➡ swim[ming]
beg[in] ➡ begin[ning]    om[it] ➡ omit[ting]    pl[an] ➡ plan[ning]
adm[it] ➡ admit[ting]    ref[er] ➡ refer[ring]   st[op] ➡ stop[ping]
```

❻ 例外的に扱う動詞には「ing」を付ける。

次の動詞と一致するものについては、＋演算子で「ing」を連結します。

```
visit ➡ visit[ing]     limit  ➡ limit[ing]     play ➡ play[ing]
enjoy ➡ enjoy[ing]     listen ➡ listen[ing]    see ➡ see[ing]
dye   ➡ dye[ing]       enter  ➡ enter[ing]
```

❼その他の動詞には「ing」を付ける。

どのパターンにも当てはまらない動詞は、＋演算子で「ing」を連結します。

●**過去形を作る**

❶「～e」で終わる動詞には「d」を付ける。

動詞の原形に＋演算子で「d」を連結します。

```
lik[e]➡like[d]      hop[e]➡hope[d]      lov[e]➡love[d]
liv[e]➡live[d]      fre[e]➡free[d]
```

❷「～p」で終わる動詞

・「母音＋p」で終わる動詞は、最後の「p」を加えてから「ed」を付ける。

動詞の末尾から2文字目が母音 (a、i、u、e、o) であるかを調べ、＋演算子で「ped」を連結します。

```
dr[o]p➡drop[ped]      st[o]p➡top[ped]
```

・上記以外で末尾がp (「子音＋p」) の動詞はそのまま「ed」を付ける。

＋演算子で「ed」を連結します。

```
jum[p]➡jump[ed]
```

❸「～y」で終わる動詞

・「母音＋y」で終わる動詞はそのままedを付ける。

動詞の末尾から2文字目が母音 (a、i、u、e、o) であるかを調べ、＋演算子で「ed」を連結します。

```
pl[ay]➡play[ed]      enj[oy]➡enjoy[ed]
```

・上記以外で末尾がy「子音＋y」の動詞は「y」を「i」に変えて「ed」を付ける。

replace() メソッドで末尾の「y」を「ied」に書き換えます。

```
stud[y]➡stud[ied]      cr[y]➡cr[ied]      tr[y]➡tr[ied]
hurr[y]➡hurr[ied]
```

❹「～c」で終わる動詞は「k」を加えてから「ed」を付ける。

末尾が「c」であるかを調べ、＋演算子で「ked」を連結します。

```
picni[c] ➡ picnic[ked]    pani[c] ➡ panic[ked]    mimi[c] ➡ mimic[ked]
```

❺末尾が「～ir」「～er」「～ur」の動詞は最後の「子音」を重ねてから「ed」を付ける。

末尾から2文字目以降が「ir」「er」「ur」であるかを調べ、＋演算子で「末尾の文字」と「ed」を連結します。

```
st[ir] ➡ stir[red]    pref[er] ➡ prefer[red]    occ[ur] ➡ ocrrur[red]
```

❻末尾が「母音＋子音」の動詞は「子音字」を重ねてから「ed」を付ける。

末尾から2文字目が母音（a、i、u、e、o）であるかを調べ、＋演算子で「末尾の文字」と「ed」を連結します。

```
om[it]  ➡ omit[ted]    pl[an] ➡ plan[ned]    adm[it] ➡ admit[ted]
ref[er] ➡ refer[red]   st[op] ➡ stop[ped]
```

❼例外的に扱う動詞（その1）には「ed」を付ける。

次の動詞と一致するものについては、＋演算子で「ed」を連結します。

```
visit ➡ visit[ed]     limit  ➡ limit[ed]     play ➡ play[ed]
enjoy ➡ enjoy[ed]     listen ➡ listen[ed]    enter ➡ enter[ed]
```

❽例外的に扱う動詞（その2）には「d」のみを付ける。

次の動詞と一致するものについては、＋演算子で「d」を連結します。

```
dye ➡ dye[d]
```

❾その他の動詞には「ed」を付ける。

どのパターンにも当てはまらない動詞は、＋演算子で「ed」を連結します。

```
walk   ➡ walk[ed]      want ➡ want[ed]      play ➡ play[ed]
rain   ➡ rain[ed]      need ➡ need[ed]      look ➡ look[ed]
listen ➡ listen[ed]    visit ➡ visit[ed]
```

⣿ 関数に似ているけど実は違うメソッド

Pythonには関数と似たような働きをする「メソッド」というものがあります。メソッドは関数と同じように、何かを処理したり、処理した結果を返す働きをしますが、関数と異なるのは、「オブジェクトに対して実行する」という点です。

◆ **関数　関数名 (引数) で実行**

```
print('こんにちは'        ──── 処理だけを行う関数
s = str(500)             ──── 戻り値を返す関数
in = input('入力>')       ──── 戻り値を返す関数
s = math.sqrt(5)         ──── mathモジュールの累乗を計算する関数
```

mathのようなモジュールをインポートした場合は、math.sqrt(5)のように「モジュールに対して関数を実行」します。モジュールもオブジェクトなのですが、「モジュールに対して実行する」ものは関数です。オブジェクトを指定しないものは関数であるとすぐにわかるのですが、「インポートしたモジュールオブジェクトに対して実行する」のも関数だと覚えておいてください。

◆ **メソッド**

> **書式**　オブジェクト.メソッド名(引数)

メソッドは、必ず「何かのオブジェクト」に対して実行します。オブジェクトとは「あるデータを保持するためのメモリ上のカタマリ」だと以前にお話ししたことがありました。
　例えば、

```
str = 'レイだよ～' ──── 'レイだよ～'はstr型のオブジェクト
```

とすると、'レイだよ～'を保持する文字列のオブジェクト (str型のオブジェクト) が作成されます。このオブジェクトにstrという名前 (変数名) を付けたのが上記のコードです。
　Pythonは、こんなふうにすべてのデータをオブジェクトとして扱います。ですので、

```
num = 123
```

と書けば、123という整数を保持するint型のオブジェクトにnumという名前を付けたことになります。

文字列の置き換え

文字列（str型）のオブジェクトに対して実行するメソッドにreplace()があります。

●replace()メソッド

書式	文字列オブジェクト.replace(置き換え対象の文字列, 置き換える文字列)
戻り値	書き換え後の文字列

◆「こんにちは」→「こんばんは」に書き換える

```
>>> 'こんにちは'.replace('にち', 'ばん')
'こんばんは'          ——— 'にち'が'ばん'に書き換えられた
```

こんなふうに、'こんにちは'の一部を書き換えて'こんばんは'にすることができます。

ポイントは、書き換えた部分だけが返されるのではなく、「書き換えた部分を含む文字列全体」が戻り値として返される点です。

プログラムの冒頭部分を作る

まずは、入力を受け付ける部分。これを含めてプログラム全体をwihleループで繰り返すようにします。

前回までと同じですね。最初にifで'OK'と入力されたらループを抜けてプログラムを終了するようにしておきます。

◆プログラムの冒頭部分（answer_prog_past.py）

```
import time
while True:              ——— 条件式は常にTrue
    time.sleep(1)
    present = input('動詞を入力してネ>')
    if (present == 'OK'):
        print('またね〜')
        break            ——— whileブロックを抜ける
```

「input('動詞を入力してネ>')」を実行する前に、「time.sleep(1)」で1秒間のブランクを入れることにしました。答えを出力してちょっと経ってからプロンプトを表示させるためです。

今回はここまで。動詞を書き換える部分は長〜くなりそうなので、続きはまた明日にしましょう。

03 規則動詞の現在分詞と過去形の問題を解く

さて、前回の続きです。「動詞の原形➡現在分詞」と「動詞の原形➡過去形」のパターンを博士がまとめてくれたので、これを見ながらプログラムを作っていくことにします。

現在分詞を答える部分を作る

前回作ったプログラムの冒頭部分に、現在分詞にしたあとの文字列を代入するためのprogという変数を用意します。

用意するだけなので空の文字列"を代入しておきます。これに続く部分としてelifのブロックを作っていくのが今回の作業ですね。

```
while True:
    time.sleep(1)
    present = input('動詞を入力してネ>')
    if (present == 'OK'):
        print('またね〜')
        break
    prog = ''              ─── 現在分詞にしたあとの文字列を代入する変数
    elif ...               ─── この部分を作っていく
        ......
```

❶ **elif present[-2:] == 'ie':──「〜ie」で終わる動詞はyingにする。**

動詞の末尾から2文字が「ie」であるかを調べるには、[開始インデックス:終了インデックス]の[開始インデックス:]だけを指定すればいいと思います。末尾から2文字以降なので[-2:]ですね。そうすれば末尾から2文字目と末尾の文字をスライスできるはずですので、この2文字が「ie」に一致するかを調べます。

一致したら、「ie」を「ying」にするので、これはreplace()メソッドで書き換えます。

次のような感じでしょうか。そうすれば、l[ie]➡l[iying]のように変換できるはずですね。

◆「～ie」で終わる動詞はyingにする

```
elif present[-2:] == 'ie':           ——— 末尾から2文字目以降が'ie'と一致するか
    prog = present.replace(present[-2:], 'ying')  ——— 一致すれば書き換える
```

入力された動詞の末尾から2文字目以降をスライス

入力された動詞を保持する変数からメソッドを実行

末尾から2文字目以降を書き換える

書き換え後の文字列

❷ elif present[-1] == 'e':——「～e」で終わる語はeを取ってingを付ける。

末尾の文字は[-1]でスライスできますね。この文字が「e」であるかを調べて、replace()メソッドで末尾の「e」を「ing」に書き換えます。そうすれば、tak[e]➡tak[ing]、mak[e]➡mak[ing]のように書き換えられると思います。

◆「～e」で終わる語はeを取ってingを付ける

```
elif present[-1] == 'e':              ——— 末尾の文字が'e'と一致するか
    prog = present.replace(present[-1], 'ing')  ——— 'ing'に書き換える
```

動詞の末尾の文字をスライス

末尾の文字、つまり'e'

書き換え後の文字列

❸ elif present[-1] == 'c':——「～c」で終わる動詞は「king」を付ける。

末尾の文字[-1]が「c」と一致するかを調べ、一致すれば、動詞の末尾に＋演算子で「king」を連結します。picni[c]➡picnic[king]のように書き換えます。

◆「～c」で終わる動詞は「king」を付ける

```
elif present[-1] == 'c':         ——— 末尾の文字が'c'と一致するか
    prog = present + 'king'      ——— 'king'を連結する
```

動詞の末尾の文字をスライス

❹「長母音＋子音」で終わる動詞は末尾に「ing」を付ける。

末尾から3文字目と末尾から2文字目が母音（a、i、u、e、o）であるかを調べなきゃならないです。それも2つの文字が母音なのかってどうやって調べればいいんですか、博士～？

この場合は、条件式を2つのグループに分けることが必要だね。まず、末尾から3文字目が母音であるかを調べる条件式のグループだけど、母音の文字には（a、i、u、e、o）があるから、それぞれ調べる条件式が必要だナ。presentに対して、or（または）という演算子でaから順番に調べていくのダ。

◆末尾から3文字目が母音であるかを調べる条件式のグループ

```
elif (present[-3] == 'a' or ¥        ——— 末尾から3文字目が'a'であるか
      present[-3] == 'i' or ¥        ——— 末尾から3文字目が'i'であるか
      present[-3] == 'u' or ¥        ——— 末尾から3文字目が'u'であるか
      present[-3] == 'e' or ¥        ——— 末尾から3文字目が'e'であるか
      present[-3] == 'o')            ——— 末尾から3文字目が'o'であるか
```

　これでpresent[-3]は、「a、i、u、e、oのいずれかに一致するか」という条件が出来上がる。あと行末に「¥」が付いてるけど、これはコードを途中で改行したいときに付ける記号だヨ。条件式がどんどん長くなると書くのも読むのも大変だから、こんなときは「¥」を付けると次の行が「コードの続き」として扱われるというワケ。で、次の末尾から2文字目が母音字であるかを調べるグループは、and（なおかつ）という演算子でつなげます。

◆末尾から2文字目が母音であるかを調べる条件式のグループ

```
and(present[-2] == 'a' or ¥        ——— 末尾から2文字目が'a'であるか
    present[-2] == 'i' or ¥        ——— 末尾から2文字目が'i'であるか
    present[-2] == 'u' or ¥        ——— 末尾から2文字目が'u'であるか
    present[-2] == 'e' or ¥        ——— 末尾から2文字目が'e'であるか
    present[-2] == 'o'):           ——— 末尾から2文字目が'o'であるか
```

　へえー、2つのグループを作って、それをandでつなげば「第1のグループが成立、なおかつ第2のグループが成立」ってことになって、「末尾から3つ目と2つ目の文字がどちらも母音字である」という条件が作れるわけですね。これで、r[ee][d] ➡ reed[ing]、r[ea][d] ➡ read[ing]、[oo][k] ➡ look[ing]、c[oo][k] ➡ cook[ing]の変換はバッチリですね。

◆「長母音（母音2つ）＋子音」で終わる動詞は末尾に「ing」を付ける

```
elif (present[-3] == 'a' or ¥
      present[-3] == 'i' or ¥
      present[-3] == 'u' or ¥
      present[-3] == 'e' or ¥
      present[-3] == 'o') and¥
     (present[-2] == 'a' or ¥
      present[-2] == 'i' or ¥
      present[-2] == 'u' or ¥
      present[-2] == 'e' or ¥
      present[-2] == 'o'):
    prog = present + 'ing'        ——— ＋演算子で「ing」を連結する。
```

❺「母音＋子音」で終わる動詞は「子音字を重ねてing」を付ける。

末尾から2文字目が母音（a、i、u、e、o）であるかを調べればよいでしょうから（末尾の子音字は無視）、present[−2]が「a、i、u、e、oのどれかに一致」を条件にします。

一致すれば、末尾の文字をpresent[−1]でスライスしてpresentに連結、最後に'ing'を連結。そうすればg[et]➡ get[ting]、sw[im]➡ swim[ming]のように変換できますね。

◆「母音＋子音」で終わる動詞は「子音字を重ねてing」を付ける

```
elif present[-2] == 'a' or ¥
     present[-2] == 'i' or ¥
     present[-2] == 'u' or ¥
     present[-2] == 'e' or ¥
     present[-2] == 'o':
     prog = present + present[-1] + 'ing'   ──── ＋演算子で末尾の文字と「ing」を連結する
```

❻例外的に扱う動詞には「ing」を付ける。

visitという動詞は「母音＋子音」で終わるので「子音字を重ねてing」を付けるかというと、そうではなくて例外的に「ing」を付けるだけなんだって。これと同じような動詞があくつかあるから、presentがこれらの動詞に一致すれば「ing」だけを付けるようにしよう。

例外的に扱う動詞は、最初にチェックしよう。でないと、これまでのどれかの条件に一致するとそこで処理されてしまうからネ。

そっか、最後にチェックすると先に書いた条件のどれかに一致してしまうことがあるものね。では、elifではなくifにして、先頭に持ってくることにしましょうか。

◆例外的に扱う動詞には「ing」を付ける

```
prog = ''
if present == 'visit' or¥
   present == 'limit' or¥
   present == 'play' or¥
   present == 'enjoy' or¥
   present == 'listen' or¥
   present == 'see' or¥
   present == 'dye' or¥
   present == 'enter':
    prog = present + 'ing'
```

❼その他の動詞には「ing」を付ける。

　最後は、たんに「ing」を付ければ済んじゃう動詞。どの条件にも一致しない動詞には、すべて＋演算子で「ing」を連結します。で、progに代入されている文字列を出力すれば完了ですね。

◆ **どの条件にも一致しない動詞には「ing」を付ける**

```
else:                        ─────  どの条件にも一致しない
    prog = present + 'ing'
print('現在分詞はコレ->' + prog)  ─────  progに代入されている現在分詞を出力
```

⠿ 過去形を答える部分を作る

　　　　　動詞を過去形にするのもいくつかのパターンがあるけど、どのパターンにも当てはまらない例外的に扱う動詞がいくつか存在するよね。さらには、「不規則動詞」ってやっかいなのもある。勉強するときはしらみつぶしに暗記して覚えるものだから、プログラムでも最初にチェックしておいた方がいいと思うヨ。例外と不規則動詞をチェックしてから各パターンの動詞をチェックするようにしてみてネ。

　　　　　過去形にするときも扱う動詞と不規則動詞を先にチェックして、引っかからなかった動詞をパターンごとにチェックしていくという流れですね。

❽❾例外的に扱う動詞には「ed」、または「d」のみを付ける。

　博士の説明❽と❾の個所です。例外的に「ed」のみを付ければOKな動詞として、6つの動詞を対象として、これらの動詞については＋演算子で「ed」を連結します。

　なお、「dye」という動詞は「e」を付けるだけなので、別のelifブロックで処理することにしました。

◆ **例外的に扱う動詞のためのifブロック**

```
past = ''                    ─────  動詞を過去形にした文字列を代入する変数
if present == 'visit' or¥    ─────  6つの動詞のうちのどれかに一致
    present == 'limit' or¥
    present == 'play' or¥
    present == 'enjoy' or¥
    present == 'listen' or¥
    present == 'enter':
      past = present + 'ed'  ─────  動詞の原形に「ed」を連結する
elif present == 'dye':       ─────  dyeの場合は「e」を付ける
      past = present + 'd'
```

不規則動詞は取りあえず6つ

不規則動詞（run-ran-runとかのやつです）はたくさんあるのですが、まずは6つの動詞に対応させました。最初のプログラムなのでこれでいいでしょう。必要になったらあとで追加できますしね。

◆**6つの不規則動詞の過去形-過去分詞を答えられるようにする**

```
elif present == 'get':          getはget-got-gotと変化
    past = 'got-got'
elif present == 'run':          runはrun-ran-runと変化
    past = 'ran-run'
elif present == 'swim':         swimはswim-swam-swumと変化
    past = 'swam-swumt'
elif present == 'begin':        beginはbegin-began-begunと変化
    past = 'began-begun'
elif present == 'read':         readはread-read-read
    past = 'read-read'
```

---

❶**elif present[-1:] == 'p':──「〜e」で終わる動詞には「d」を付ける。**

　ここからが各パターンごとの処理です。末尾present[-1:]が「e」の動詞には、+演算子で「d」を連結します。lik[e]➡like[d]のようになります。

◆**「〜e」で終わる動詞には「d」を付ける**

```
elif present [-1] == 'e':        末尾が'e'であるか
    past = present + 'd'         'd'を連結
```

❷**「〜p」で終わる動詞。**

　「〜p」で終わる動詞には2つのパターンがあって、「「母音＋p」で終わる動詞は、最後の「p」を加えてから「ed」を付ける」と「「子音＋p」）の動詞はそのまま「ed」を付ける」があります。

最初に「〜p」で終わる動詞であるかをチェックしといて、入れ子にしたifで「母音＋p」に一致する動詞には「ped」を連結、そうでない末尾がpの動詞には「ed」を連結するとうまくいくヨ。

「母音＋p」は末尾から2文字目が「a、i、u、e、o」のどれかと一致するか調べてネ。

えーっと、まず外側のelifで末尾が「e」であるかをチェックして、入れ子にした「if...else」で場合分けをするわけですね。

英語は文型で覚える（文字列の操作）

◆末尾が 'p' の動詞は2段階でチェック

```
elif  末尾が 'p' であるか：
    if  末尾から2文字目が「a、i、u、e、o」のどれかに一致するか：
        末尾に「ped」を連結する
    else：
        それ以外は「子音＋p」であるので「ed」のみを連結する
```

 では、コードに書いてみましょう。これで「母音＋p」のパターンは dr[o]p ➡ drop[ped]、st[o]p ➡ top[ped] になって、「子音＋p」のパターンは、jum[p] ➡ jump[ed] になるはずです。

◆「～p」で終わる動詞を過去形にする

```
elif present[-1:] == 'p':          ——— 末尾が 'p' であるか
    if present[-2] == 'a' or ¥      ——— 末尾から2文字目が母音字であるか
       present[-2] == 'i' or ¥
       present[-2] == 'u' or ¥
       present[-2] == 'e' or ¥
       present[-2] == 'o':
        past = present + 'ped'      ——— 末尾に「ped」を連結する
    else:
        past = present + 'ed'       ——— 母音字以外は「子音＋p」であるので「ed」のみを連結
```

❸「～y」で終わる動詞。

　末尾が「y」で終わる動詞にも「母音＋yで終わる動詞はそのままedを付ける」「子音＋yで終わる動詞はyをiに変えてedを付ける」という2つのパターンがあります。まず外側のelifで末尾が「y」に一致する動詞をチェックして、内部のifとelseで場合分けをすればいいかな。pl[ay] ➡ play[ed]、stud[y] ➡ stud[ied] になってくれ～。

◆「～y」で終わる動詞を過去形にする

```
elif present[-1:] == 'y':          ——— 末尾が 'y' であるか
    if present[-2] == 'a' or ¥      ——— 末尾から2文字目が母音字であるか
       present[-2] == 'i' or ¥
       present[-2] == 'u' or ¥
       present[-2] == 'e' or ¥
       present[-2] == 'o':
        past = present + 'ed'       ——— 末尾に「ped」を連結する
    else:
        past = present.replace(present[-1], 'ied')  ——— 母音字以外は「子音＋y」として「ied」を連結
```

❹elif present[-1] == 'c':—末尾が「～c」の動詞は「k」を加えて「ed」を付ける。

末尾が「c」であれば、＋演算子で「ked」を連結します。簡単ですね。

◆ **末尾が「～c」の動詞を過去形にする**

```
elif present[-1] == 'c':
    past = present + 'ked'              ——— picni[c]➡picnic[ked]のようになる
```

❺末尾が「～ir」「～er」「～ur」の動詞は最後の子音を重ねてから「ed」を付ける。

末尾から２文字目以降が「ir」「er」「ur」であるかを調べて、＋演算子で「末尾の文字」と「ed」を連結します。st[ir]➡stir[red]、pref[er]➡prefer[red]、occ[ur]➡ocrrur[red]で過去形の完成です。

◆ **末尾がir、er、urの動詞は最後の子音を加えてからedを付ける**

```
elif present[-2:] == 'ir' or ¥        ——— 'ir'であるか
    present[-2:] == 'er' or ¥          ——— または'er'か
    present[-2:] == 'ur':             ——— または'ur'か
    past = present + present[-1] + 'ed'     最後に'ed'を連結
```
末尾の文字を連結

❻末尾が「母音＋子音」の動詞は「子音字」を重ねてから「ed」を付ける。

末尾から２文字目、present[-2]が母音（a、i、u、e、o）であるかを調べ、＋演算子で「末尾の文字」と「ed」を連結すればOKですね。

adm[it]➡admit[ted]のようにします。

◆ **末尾が「母音＋子音」の動詞は「子音字」と「ed」を付ける]**

```
elif present[-2] == 'a' or ¥
    present[-2] == 'i' or ¥
    present[-2] == 'u' or ¥
    present[-2] == 'e' or ¥
    present[-2] == 'o':
    past = present + present[-1] + 'ed'
```
末尾の文字を連結

⑩（博士の説明の⑩）その他の動詞には「ed」を付ける。

これまでのどの条件にも一致しない動詞は、そのまま「ed」を付けます。

◆ **どの条件にも当てはまらない場合はedを付ける**

```
else:
    past = present + 'ed'
print('過去形はコレ  ->' + past)   ——— 最後に答え（過去形）を出力
```

では、現在分詞と過去形を答えてもらおう

いやー、長かった。疲れましたよ。
スペルが間違ってないかチェック
して、さっそく実行してみましょう。

◆ 実行結果

```
動詞を入力してネ>lie
現在分詞はコレ ->lying                 ——— ieで終わる動詞はyingにする（現在分詞の❶）
過去形はコレ   ->lied                 ——— eで終わる動詞はdだけ付ける（過去形の❶）


動詞を入力してネ>make                 ——— eで終わる動詞
現在分詞はコレ ->making               ——— eを取ってingを付ける（現在分詞の❷）
過去形はコレ   ->maked                ——— dだけ付ける（過去形の❶）


動詞を入力してネ>picnic               ——— cで終わる動詞
現在分詞はコレ ->picnicking           ——— kingを付ける（現在分詞の❸）
過去形はコレ   ->picnicked            ——— kedを付ける❹


動詞を入力してネ>read
現在分詞はコレ ->reading              ——— 「長母音＋子音字」は原形にingを付ける（現在分詞の❸）
過去形はコレ   ->read-read           ——— 不規則動詞の過去、過去分詞


動詞を入力してネ>get
現在分詞はコレ ->getting             ——— 「母音＋子音字」は子音字を重ねてingを付ける（現在分詞の❺）
過去形はコレ   ->got-got            ——— 不規則動詞の過去、過去分詞）


動詞を入力してネ>visit
現在分詞はコレ ->visiting            ——— 現在分詞の例外的な扱い（現在分詞の❻）
過去形はコレ   ->visited            ——— 過去形の例外的な扱い（過去形の❽）


動詞を入力してネ>drop
現在分詞はコレ ->dropping            ——— 「母音＋子音」は子音字を重ねてingを付ける（現在分詞の❼）
過去形はコレ   ->dropped            ——— 「母音＋p」で終わる動詞は最後の子音とedを付ける（過去形の❷）


動詞を入力してネ>jump
現在分詞はコレ ->jumping             ——— そのままingを付ける（現在分詞の❼）
過去形はコレ   ->jumped             ——— 「子音＋p」で終わる動詞はedを付ける（過去形の❷）
```

```
動詞を入力してネ >prefer
現在分詞はコレ ->preferring          ————— 「母音＋子音」は最後の子音字とingを付ける（現在分詞の❺）
過去形はコレ   ->preferred          ————— ir, er, urで終わる動詞は最後の子音字とedを付ける（過去形の❺）


動詞を入力してネ >admit             ————— 「母音＋子音」で終わる動詞
現在分詞はコレ ->admitting          ————— 子音字を重ねてingを付ける（現在分詞の❺）
過去形はコレ   ->admitted           ————— 最後の子音字とedを付ける（過去形の❻）


動詞を入力してネ >walk
現在分詞はコレ ->walking            ————— そのままingを付ける（現在分詞の❼）
過去形はコレ   ->walked             ————— そのままedを付ける（過去形の❿）
```

では、すべてのソースコードを載せておこうかネ。コードの意味がわかりやすいように、「#」を使って「コメント」を入れといたヨ。#のある行はソースコードとは見なされないから、自由にメモ書きのような感覚で何かを書いておけるんだナ。

◆ すべてのソースコード

```python
import time

while True:
    time.sleep(1)
    present = input('動詞を入力してネ>')
    if (present == 'OK'):
        print('またね〜')
        break
    #  例外的に扱う動詞⑥
    prog = ''
    if present == 'visit' or¥
        present == 'limit' or¥
        present == 'play' or¥
        present == 'enjoy' or¥
        present == 'listen' or¥
        present == 'see' or¥
        present == 'dye' or¥
        present == 'enter':
         prog = present + 'ing'
    #  ieで終わる語はieを取ってyingにする①
```

```
    elif present[-2:] == 'ie':
        prog = present.replace(present[-2:], 'ying')
#  eで終わる語はeを取ってingを付ける②
    elif present[-1] == 'e':
        prog = present.replace(present[-1], 'ing')
#  cで終わる語はkingを付ける③
    elif present[-1] == 'c':
        prog = present + 'king'
# 「長母音＋子音」は原形にingを付ける　先に書かないといけない④
    elif (present[-3] == 'a' or ¥
          present[-3] == 'i' or ¥
          present[-3] == 'u' or ¥
          present[-3] == 'e' or ¥
          present[-3] == 'o') and¥
         (present[-2] == 'a' or ¥
          present[-2] == 'i' or ¥
          present[-2] == 'u' or ¥
          present[-2] == 'e' or ¥
          present[-2] == 'o'):
        prog = present + 'ing'
# 「短母音＋　子音」は子音字を重ねてingを付ける⑤
    elif present[-2] == 'a' or ¥
         present[-2] == 'i' or ¥
         present[-2] == 'u' or ¥
         present[-2] == 'e' or ¥
         present[-2] == 'o':
        prog = present + present[-1] + 'ing'
#  どれにも一致しない⑦
    else:
        prog = present + 'ing'
print('現在分詞はコレ->' + prog)

past = ''
#  例外的に扱う動詞⑧
if present == 'visit' or¥
   present == 'limit' or¥
   present == 'play' or¥
   present == 'enjoy' or¥
   present == 'listen' or¥
```

```python
    present == 'enter':
        past = present + 'ed'
# 例外的に扱う動詞⑨
elif present == 'dye':
        past = present + 'd'
# 不規則動詞
elif present == 'get':
        past = 'got-got'
# 不規則動詞
elif present == 'run':
        past = 'ran-run'
# 不規則動詞
elif present == 'swim':
        past = 'swam-swumt'
# 不規則動詞
elif present == 'begin':
        past = 'began-begun'
# 不規則動詞
elif present == 'read':
        past = 'read-read'
# e で終わる語はdを付ける①
elif present[-1] == 'e':
        past = present + 'd'
# 語尾がpで終わる動詞②
elif present[-1:] == 'p':
    # 語尾が「母音＋p」）で終わる場合はpを加えてからedを付ける
    if present[-2] == 'a' or ¥
        present[-2] == 'i' or ¥
        present[-2] == 'u' or ¥
        present[-2] == 'e' or ¥
        present[-2] == 'o':
          past = present + 'ped'
    # それ以外はedのみを付ける
    else:
        past = present + 'ed'
# 語尾がyで終わる動詞③
elif present[-1:] == 'y':
    # 語尾が「母音＋y」で終わる場合はedのみを付ける
    if present[-2] == 'a' or ¥
```

```
        present[-2] == 'i' or ¥
        present[-2] == 'u' or ¥
        present[-2] == 'e' or ¥
        present[-2] == 'o':
            past = present + 'ed'
    # それ以外はyをiに変えてedを付ける
    else:
        past = present.replace(present[-1], 'ied')
# cで終わる動詞はkを加えてからedを付ける④
elif present[-1] == 'c':
    past = present + 'ked'
# ir、er、urで終わる動詞は最後の子音を加えてからedを付ける⑤
elif present[-2:] == 'ir' or ¥
     present[-2:] == 'er' or ¥
     present[-2:] == 'ur':
    past = present + present[-1] + 'ed'
# 「母音＋ 子音」は子音字を重ねてedを付ける⑥
elif present[-2] == 'a' or ¥
     present[-2] == 'i' or ¥
     present[-2] == 'u' or ¥
     present[-2] == 'e' or ¥
     present[-2] == 'o':
    past = present + present[-1] + 'ed'
# どれにも当てはまらない場合はedを付ける⑩
else:
    past = present + 'ed'
print('過去形はコレ  ->' + past)
```

不規則動詞はいまのところ 6 つしか登録してない
けど、追加するのは簡単だからあとで追加してあ
げようかな。でも、elif のコードがずらっと続くの
が玉にキズかな。

04 英文は文型で覚える

レイは受験生ですから英語の勉強は必須です。前回は動詞の書き換えにチャレンジしましたが、今回は英作文にチャレンジです。

　ほー、キミ自ら発案するとはプログラミングがだんだん身についてきたってことだネ。英作文といえば、英語を学ぶときの基本5文型があるよネ。

　あらかじめ5文型のパターンを作っておいて、これを使って英作文するってのはどうかナ？

　例えば、'S V C.' という文字列を作っておいてプログラムを実行する、で、ユーザーが 'He'、'is'、'a girl?' と入力したら、'S V C.' ➡ 'He is a girl?' と書き換えて出力するのネ。ま、単純だけど文字列のフォーマットについて学べるから、役立つハズだヨ。

第1文型（S＋V）「SはVします」
第2文型（S＋V＋C）「SはVです」
第3文型（S＋V＋O）「SはOをVします」
第4文型（S＋V＋O＋O）「SはOにOをVします」
第5文型（S＋V＋O＋C）「SはOをCにVします」

　そうですか、今回は簡単なプログラムなんですね。でも、その前に文字列のフォーマットやらを勉強する必要があるみたいです。

::: format() メソッドで文字列を自動作成

　文字列（str型のオブジェクト）で使えるformat() メソッドは、文字列の中に別の文字を持ってきて埋め込むことができます。

　例えば、「さん、こんにちは」という文字列を作っておいて、プログラムの実行中に入力された名前を埋め込み、「レイさん、こんにちは」と表示することができます。このようにformat() メソッドを使えば、「プログラムの実行中に文字列を作る」ことが可能になるのです。

　format() メソッドは文字列（str型）オブジェクトに対して実行しますが、文字列はベースとなる文字列の中に {} を埋め込んだものになります。この {} が引数で指定した文字列に置き換えられる部分です。

●format() メソッド

書式	文字列{}文字列.format(埋め込む文字列)

◆インタラクティブシェルで実行

```
>>> 'こん{}は'.format('にち')  ——— {}の部分を「にち」で置き換える
'こんにちは'
```

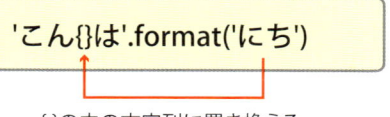

'こん{}は'.format('にち')

{}の中の文字列に置き換える

　もちろん、format() メソッドの引数を変数にしてもOKです。

　このようにすればプログラムの実行中に動的に文章を作成できるようになります。

◆変数を使って置き換える

```
>>> str1 = 'にち'
>>> str2 = 'ばん'
>>> 'こん{}は'.format(str1)  ——— {}の部分を変数str1で置き換える
'こんにちは'
>>> 'こん{}は'.format(str2)  ——— {}の部分を変数str2で置き換える
'こんばんは'
```

::::: 複数の{}を置き換える

　文字列の置換は、いくつでもできます。複数の{}を書けば、その並び順に対応して、format()の引数にした文字列が順番に埋め込まれます。

　この場合、引数として設定する文字列を「,」で区切って、{}と同じ数だけ書いていきます。

◆インタラクティブシェルで実行

```
>>> '{}は{}です'.format('本日', '10日')
'本日は10日です'
```

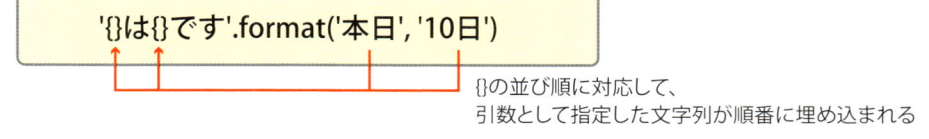

'{}は{}です'.format('本日', '10日')

{}の並び順に対応して、
引数として指定した文字列が順番に埋め込まれる

※{}の数と埋め込む文字列の数が合わないとエラーになります。

キーワード引数で置き換える位置を指定する

　引数は「top = '本日'」のように名前付きの「キーワード引数」にすることができます。

　これを使えば、引数のキーワードを使って置き換える位置を自由に指定できます。

◆キーワード引数で置き換え位置を指定（str_format1.py）

```
top = '現在'
day = '10日'
am = '午前'
pm = '午後'
sentence = '{first}、{second}の{third}です'.format(
    first = top, second = day, third = am)
print(sentence)
```

引数topにキーワード
firstを設定

引数dayにキーワード
secondを設定

引数amにキーワード
thirdを設定

◆実行結果

```
現在、10日の午前です
```

文字列を埋め込む位置を指定する

　{}の並び順に関係なく、引数の文字列を埋め込みたい場合は、{}の中に引数の番号を書きます。

　引数の番号は、最初の引数が「0」、次が「1」、「2」、…のように、{}の数に応じて増えていきます。

◆引数として設定した文字列を埋め込む位置を指定する

```
>>> '{1}は{0}です'.format('本日', '10日')
'10日は本日です'
```

引数番号0　　引数番号1

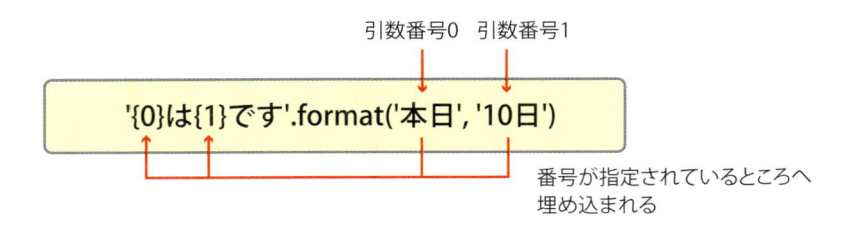

番号が指定されているところへ
埋め込まれる

英語は文型で覚える（文字列の操作）

小数点以下の桁数を指定する

 format()メソッドには、小数点以下の桁数を指定できる機能があります。この場合、埋め込む部分を次のように書きます。

●format()メソッドで

書式

> {引数の番号:.桁数f}
>
> ↑桁数（精度）の先頭に「.」を付けることに注意

引数が1つしかない場合は引数の番号を省略できますが、小数点以下の桁数（精度）を指定する場合は{:.桁数f}のように小数点「.桁数f」が必要です。

fは桁数がfloat型であることを示す接尾子（値の末尾に付ける修飾子）です。付けなくてもエラーにはなりませんが、fを付けることで「小数点型（float）の小数の桁数を指定する」ことがわかるようにした方がよいでしょう。

◆小数点以下を3桁で表示（インタラクティブシェルで実行）

```
>>> '{: .3f}'.format(10 / 2.54) ——— 小数点以下3桁までにする
' 0.937'
```

計算結果はfloat型になりますが、format()メソッドは文字列型（str型）を処理結果として返すので、str()関数で変換しなくてもそのまま出力できます。

次のようにすれば、センチメートルをインチに変換するプログラムの出来上がりです。

◆センチメートルをインチに変換（str_format2.py）

```
cm = float(input('cmを入力してください'))
print('{:.3f}は{: .3f}インチです'.format(cm, cm / 2.54))
```

◆実行結果

```
cmを入力してください>8.5
8.500は  3.346インチです——— すべて小数点以下3桁で表示
```

⣿ 数値を3桁で区切る

置換する部分を{引数の番号: ,}とすれば、引数に指定した数値に3桁ごとにカンマ「,」を入れることができます。

◆ 3桁区切りのカンマを入れる（インタラクティブシェルで実行）

```
>>> '{: ,}'.format(1111111111.123)  ——— 小数も含めてみる
' 1,111,111,111.123'                ——— 整数部分のみが3桁区切りになる
```

⣿ 基本5文型で英作文

では、基本5文型を使って英作文するプログラムを作ってみることにします。

input()関数で主語（S）、動詞（V）や補語（C）などを順に取得して、これを{ }で書式指定した文字列に埋め込むようにすればうまく行くと思います。

◆ { }で書式指定した部分を置き換えて英文を作る

書式　'{s} {v}.'.format({s}を置き換える単語, {v}を置き換える単語)

◆ 基本5文型を使って英作文する（Ray_answer_English_writing.py）

```
# 第1文型
print('第1文型の例文を作るネ')
subject = input('主語(S)は?>')           ——— ❶
verb    = input('動詞(V)は?>'            ——— ❷
print('{s} {v}.'.format(s=subject, v=verb))   ——— ❸


# 第2文型
print('第2文型の例文を作るネ')
subject = input('主語(S)は?>')
verb    = input('動詞(V)は?>')
comp    = input('補語(C)は?>')
print('{s} {v} {c}.'.format(s=subject, v=verb, c=comp))


# 第3文型
print('第3文型の例文を作るネ')
```

英語は文型で覚える（文字列の操作）

```
subject = input('主語(S)は？>')
verb  = input('動詞(V)は？>')
comp  = input('補語(C)は？>')
print('{s} {v} {c}.'.format(s=subject, v=verb, c=comp))


# 第4文型
print('第4文型の例文を作るネ')
subject = input('主語(S)は？>')
verb  = input('動詞(V)は？>')
i_obj  = input('間接目的語(IO)は？>')
d_obj  = input('直接目的語(DO)は？>')
print('{s} {v} {io} {do}.'.format(s=subject, v=verb, io=i_obj, do=d_obj))


# 第5文型
print('第5文型の例文を作るネ')
subject = input('主語(S)は？>')
verb  = input('動詞(V)は？>')
obj  = input('目的語(O)は？>')
comp  = input('補語(C)は？>')
print('{s} {v} {o} {c}.'.format(s=subject, v=verb, o=obj, c=comp))
```

---

❶ subject = input('主語(S)は？>')

主語となる英単語を入力してもらい、変数subjectに代入します。

❷ verb = input('動詞(V)は？>')

動詞となる英単語を入力してもらい、変数verbに代入します。

❸ print('{s} {v}.'.format(s=subject, v=verb))

format()メソッドにおいてsubject、verbをs=subject、v=verbのように「キーワード引数」として設定し、書式指定した文字列の'{s} {v}.'の{s}と{v}の部分をそれぞれ置き換えるようにしました。

あとの第2〜第5文型も基本的に同じような処理にしました。書き換える文字列として補語(C)や目的語(O)などが増えますが、その都度、必要な英単語を入力してもらい、その単語を使って書式指定された文字列の{ }の部分（'{s} {v} {o} {c}.'など）を置き換えるようにしています。

これでレイは、第1〜第5文型に基づいた英作文ができるようになったはずです。さっそく試してみましょう

```
第1文型の例文を作るネ
主語 (S) は？>Ray
動詞 (V) は？>get up
Ray get up.                        ─────── 第1文型で作文する
第2文型の例文を作るネ
主語 (S) は？>I
動詞 (V) は？>am
補語 (C) は？>a student
I am a student..                  ─────── 第2文型で作文する
第3文型の例文を作るネ
主語 (S) は？>She
動詞 (V) は？>studies
補語 (C) は？>programming
She studies programming..         ─────── 第3文型で作文する
第4文型の例文を作るネ
主語 (S) は？>She
動詞 (V) は？>made
間接目的語 (IO) は？>me
直接目的語 (DO) は？>a birthday cake.
She made me a birthday cake.      ─────── 第4文型で作文する
第5文型の例文を作るネ
主語 (S) は？>I
動詞 (V) は？>found
目的語 (O) は？>this book
補語 (C) は？>very difficult
I found this book very difficult..  ─────── 第5文型で作文する
```

うーん、一応作文はできるようになったけど、「やらされてる感」がアリアリですねえ。

何しろ入力した英単語を書式指定した文字列の中の{ }と置き換えているだけですから。

でも、文字列のフォーマットについては学べました。これから先、これが役に立つんですよねー、博士。

あ、次回はこれを使ってもっとAIっぽいことをする？　なるほどそういうことですか。

英語は文型で覚える（文字列の操作）

Chapter 5
英語は連想式で記憶する（リスト、辞書）

01 データをまとめて管理できる「リスト」という道具

これまでは、1つのデータに変数名という名前を付けて管理してきました。でも「変数＝1つのデータ」には限界もあります。

前回は入力された英単語に基づいて5つのパターンの英文を作るようにしたけど、英文のもとになる単語を入力しないといけないのが少々不満だったようだね。

しかし、データを変数だけで扱おうとした場合、これが限界なんだナ。でも、リストというものを使うとたくさんのデータを1つにまとめて名前を付けられるようになる。そうすれば、用途別に英単語をまとめておけるから、あらかじめプログラム側で英作文のための英単語が用意できる。

つまり、レイが英単語を記憶しておいて自分で考えて英文を作ることが可能になるのだヨ！

いやー、ずいぶん盛りましたね博士。レイが「記憶」して「自ら英文を作る」なんてホントにできるのでしょうか。どうやら今回は、博士のマニュアルでひたすら学習することになりそうです。

リストとは

変数を利用することで、データに名前を付けて管理できます。とは言え、住所、氏名、電話番号のように、一人のデータをまとめて扱う場合は、これらのデータにまとめて名前を付けられると便利です。

'レイ'、'16歳'、'パイソン研究所所属'という3つの文字列データに「ray」という名前を付けるのですね。

こんなことを可能にするために、Pythonには複数の値をまとめて扱うための「リスト」が用意されています。

リストは、データが順番に並んでいて、並んでいる順番で処理が行えることを指します。このようなデータ構造を**シーケンス**と呼びます。シーケンスの対義語は「ランダム」です。

実は、文字列を扱うstr型のオブジェクトは、1つひとつの文字が順番に並ぶことで意味を成すのでシーケンスです。str型のオブジェクトもリストも、「1つのオブジェクトに複数のデータを格納できる」シーケンス型の構造をしたオブジェクトです。

リストを作るのは簡単です。ブランケット[ ]で囲んだ内部にデータをカンマ (,) で区切って書いていくだけです。そうすればリストのオブジェクトに名前（変数名）を付けて管理できるようになります。

◆ リストを作る

書式	変数名 = [要素1, 要素2, 要素3, ...]

◆ すべての要素がint型のリスト

```
number = [1, 2, 3, 4, 5]
```

◆ すべての要素がstr型のリスト

```
greets = ['おはよう', 'こんにちは', 'こんばんは']
```

◆ str型、int型、float型が混在したリスト

```
data = ['身長', 160, '体重', 40.5]
```

　リストの中身を「要素」と呼びます。要素のデータ型は何でもよく、いろんなデータ型を混在させてもかまいません。あと、要素はカンマで区切って書きますが、最後の要素のあとにカンマを付ける必要はありません（ただし付けてもエラーにはなりません）。

　要素と要素の間にスペースを入れていますが、これはコードを読みやすくするためなので、必要なければ入れなくてもOKです。

　ここで疑問に思ったかもしれませんが、「空のリスト」も、もちろん作れます。空のブランケット書くか、list()関数を使えば空のリストを作れます。

◆ 空のリストをブランケットで作る

書式	変数名 = []

◆ 空のリストをlist()関数で作る

書式	変数名 = list()

　ただし、中身が空ですので、要素を追加しなければなりません。そのときはappend()メソッドを使います。

◆ append()メソッドの書式

書式	リストオブジェクト.append(追加する要素)

◆ **append()メソッドで要素を追加する**（インタラクティブシェルで実行）

```
>>> greets = [ ]
>>> greets.append('おはよう')
>>> greets
['おはよう']          ──── 要素が追加された
```

　インタラクティブシェルは変数名を入力すると、その中身を表示してくれるので便利です。リストの場合は [ ] まで表示してリストであることまで示してくれます。

　1つ注意点ですが、append()は要素を1つずつしか追加できません。複数の要素を追加するときは、その都度append()を実行することが必要です。

▓ インデックシング

　リストの要素の順序は維持されるので、何番目かを表すインデックスを [ ] で囲んで指定することで各要素にアクセスできます。これを**インデックシング**と呼びます。

　インデックスは、要素の順番を表す0から始まる数値です。1番目の要素のインデックスは0、2番目の要素は1と続きます。

◆ **リストの要素にアクセスする**

| 書式 | 変数名 = [インデックス] |

◆ **インデックシング**（インタラクティブシェルで実行）

```
>>> greets = ['おはよう', 'こんにちは', 'こんばんは']
>>> greets[0]
'おはよう'
>>> greets[1]
'こんにちは'
>>> greets[2]
'こんばんは'
```

　最後の要素を指定したいけどインデックスがわからない、という場合は [-1] を指定すればアクセスできます。

　これを**ネガティブインデックス**と呼び、最後の要素から-1、-2、...と続きます。文字列の操作にもありましたが、それと同じ仕組みです。

◆ ネガティブインデックスでアクセス（上記の続き）

```
>>> greets[-1] ——— 最後の要素にアクセス
'こんばんは'
```

インデックスもネガティブインデックスも、範囲を超えて指定するとエラーを示す「Index Error」がインタープリターから返されます。

◆ 範囲外の要素にアクセス

```
>>> greets[-4]                          ——— greetsの要素数は3
Traceback (most recent call last):  ——— エラー
  File "<pyshell#62>", line 1, in <module>
    greets[-4]
IndexError: list index out of range
```

::: スライス

インデックスを2つ指定することで、特定の範囲の要素を取り出すことができます。これを**スライス**と呼びます。スライスされた要素もリストとして返されますが、該当する要素がない場合は空のリストが返されます。

「開始インデックスの要素」から「終了インデックスの直前の要素」までがスライスされます。

◆ リストの要素をスライスする

書式　変数名[開始インデックス：終了インデックス]

◆ リストの要素をスライスする例

```
>>> subject = ['現代国語', '古文', '数学Ⅰ', '世界史', '日本史']
>>> subject[0:3]       ——— インデックス0〜2（1番目〜3番目）の要素をスライス
['現代国語', '古文', '数学Ⅰ']
>>> subject[-3:-1]     ——— 末尾から3番目から末尾の手前までをスライス
['数学Ⅰ', '世界史']
```

　3番目のインデックスを指定すれば、1つおきや2つおきにスライスできます。

◆**リストの要素をスライスする例（上記の続き）**

```
>>> subject[::1] ─────────────── 1だと連続してスライスされる
['現代国語', '古文', '数学Ⅰ', '世界史', '日本史']
>>> subject[::2] ─────────────── 2を指定すると1つおきにスライスされる
['現代国語', '数学Ⅰ', '日本史']
>>> subject[::-2] ─────────────── 末尾から1つおきにスライス
['日本史', '数学Ⅰ', '現代国語']
>>> subject[::-1] ─────────────── −1だと逆順でスライスできる
['日本史', '世界史', '数学Ⅰ', '古文', '現代国語']
```

▦ リストを更新する

Pythonのリストは、要素の書き換えが可能です。これを「ミュータブル（変更可能な）である」と言います。

◆**リストの要素を書き換える（インタラクティブシェル）**

```
>>> march = ['明治', '青山学院', '立教', '中央', '法政']
>>> march[0] = '学習院'
>>> march
['学習院', '青山学院', '立教', '中央', '法政']
```

　リストはlist型の立派なオブジェクトですので、シーケンス用のビルトインメソッドが使えます。

　よく使われるのは最後尾に要素を追加するappend()と、任意の位置の要素を取り除き、それを返すpop()です。

◆**要素の追加と取り出し**

```
>>> g_march = ['明治', '青山学院', '立教', '中央', '法政']
>>> g_march.append('学習院') ─────── 末尾に追加
>>> g_march
['明治', '青山学院', '立教', '中央', '法政', '学習院']
>>> g_march.pop() ─────────── 最後尾のオブジェクトを取り出す
'学習院'
>>> g_march
['明治', '青山学院', '立教', '中央', '法政']
```

pop()は、取り除いて返す要素をインデックスで指定します。引数を指定しない場合は-1が補われるので(pop(-1))末尾のオブジェクトが取り出されます。

pop(0)にすると、先頭の要素が取り出されます。これを利用すると、コンピューターで使われている**スタック**や**キュー**（待ち行列）を実現できます。

スタックは**LIFO**（後入れ先出し）と呼ばれるデータ構造で、キューは**FIFO**（先入れ先出し）と呼ばれるデータ構造です。

◆ **リストをスタック（LIFO）として使う**

```
>>> top_level = []  ——空のリストを作成
>>> top_level.append('早稲田')   ——— リストに追加する
>>> top_level
['早稲田']
>>> top_level.append('慶応')   ——— リストの末尾に追加
>>> top_level.append('上智')   ——— リストの末尾に追加
>>> top_level
['早稲田', '慶応', '上智']
>>> top_level.pop()   ——— 末尾（最後に入れた）要素を取り出す
'上智'
>>> top_level
['早稲田', '慶応']
```

◆ **リストをキュー（FIFO）として使う（上記の続き）**

```
>>> top_level.append('上智')   ——— リストに追加する
>>> top_level
['早稲田', '慶応', '上智']
>>> top_level.pop(0)   ——— 先頭（先に入れた）要素を取り出す
'早稲田'
>>> top_level
['慶応', '上智']
```

スタックはコンピューター内部で変数値を保持する手段として使われています。一方でキューはプリンターの印刷待ちを処理する手段として使われています。

::: リストのリスト

　リストでは、いろいろな種類のオブジェクトを要素にできますが、リスト自体を要素にすることもできます。

◆リストのリスト（インタラクティブシェルで実行）

```
>>> march = ['明治', '青山学院', '立教', '中央', '法政']        —— 1つ目のリスト
>>> mid-level = ['成蹊','成城','明治学院']        ——— 2つ目のリスト
>>> mix = [march, ssmg]                ——— 2つのリストを要素にする
>>> mix                        ——— リストの要素を持つリストを出力
[['明治', '青山学院', '立教', '中央', '法政'], ['成蹊', '成城', '明治学院']]
>>> mix[0]                        ——— 第1要素のリストを出力①
['明治', '青山学院', '立教', '中央', '法政']
>>> mix[1][0]                    ——— 第2要素のリストの先頭要素を出力②
'成蹊'
```
　①のように、要素がリストである場合はインデックスで参照すると、リストそのものが参照されます。

```
mix[0]
```

先頭要素のリストattacks1を参照

　②のように、要素であるリストの要素を参照する場合は、2個のインデックスを使います。

```
mix[1][0]
```
第2要素の内臓リストの先頭要素を参照

第2要素のリストを参照

::: リストを操作するメソッド

　リストでは次のメソッドや関数、演算子が使えます。

要素数を調べる (len()関数)

　オブジェクトの長さ（要素の数）を返します。Pythonの組み込み関数です。

◆要素数を調べる

```
>>> midleve = ['日本', '東洋', '駒澤', '専修']
>>> len(midleve)
4
```

リストの結合 (extend() メソッド)

extend() メソッドは、2つのリストを1つに
まとめます。

◆extend() メソッドの書式

> **書式**　追加されるリスト.extend(追加するリスト)

◆リストに別のリストの要素を追加する

```
>>> midleve_1 = ['成蹊','成城','明治学院']
>>> midleve_2 = ['獨協', '国学院', '武蔵']
>>> midleve_1.extend(midleve_2)        ─── リストssmgにdkmの要素を追加する
>>> midleve_1
['成蹊', '成城', '明治学院', '獨協', '国学院', '武蔵']
  extend() メソッドは、演算子「+=」で置き換えることもできます。
midleve_1 += midleve_2              ─── —midleve_l.extend(midleve_2)と同じ結果になる
```

インデックスで指定した位置に要素を追加する (insert() メソッド)

append() メソッドはリストの末尾にしか要
素を追加できませんが、insert() メソッドでは
任意の位置に要素を追加できます。

◆extend() メソッドの書式

> **書式**　挿入されるリスト.insert(インデックス, 挿入する要素)

◆インデックスで指定した位置に要素を追加する

```
>>> university = ['難関私立大', '中堅私立大']
>>> university.insert(1, '準難関私立大')        ─── 2番目の位置に追加する
>>> university
['難関私立大', '準難関私立大', '中堅私立大']
```

インデックスで指定した要素を削除する（delキーワード）

del演算子はブランケット[ ]と組み合わせることで、任意の位置の要素を削除します。開始インデックスから終了インデックスの直前の要素までを削除します。

インデックスを1つだけ指定すると、該当の要素のみが削除されます。

◆delキーワードの書式

書式　del 対象のリスト[開始インデックス:終了インデックス]

◆インデックスで指定した要素を削除する

```
>>> university = ['難関私立大', '準難関私立大', '中堅私立大']
>>> del university[0:2]          ──── 先頭から2つ目までの要素を削除
>>> university
['中堅私立大']
```

位置がわからない要素を削除する（remove()メソッド）

削除したい要素がリストのどこにあるのかはっきりしない場合は、remove()で要素の値を指定して削除することができます。

◆remove()メソッドの書式

書式　リスト.remove(要素の値)

◆要素の値を指定して削除する

```
>>> university = ['難関私立大', '準難関私立大', '中堅私立大']
>>> university.remove('難関私立大')
>>> university
['準難関私立大', '中堅私立大']
```

要素のインデックスを知る（index()メソッド）

値を指定して、要素のインデックスを知ることができます。

◆index()メソッドの書式

書式　リスト.index(要素の値)

◆インデックスを調べる

```
>>> spec = ['偏差値', '入試倍率', 'センター試験得点率']
>>> spec.index('入試倍率')
1                ───── インデックス
```

その値はあるか (in演算子)

演算子のinで、指定した値がリストにあるか調べることができます。リストにあれば True , そうでなければ False が返されます。

◆指定した値がリストにあるか調べる

```
>>> math = ['数学Ⅰ', '数学A', '数学Ⅱ']
>>> '数学B' in math
False            ───── 該当する値はリストにない
```

その値はリストにいくつあるか (count()メソッド)

特定の値がリストにいくつ含まれているかは、count()メソッドでわかります。

◆count()メソッドの書式

> **書式** リスト.count(要素の値)

◆指定した要素がリストにいくつあるか調べる

```
>>> math = ['数学Ⅰ', '数学A', '数学Ⅰ']
>>> math.count('数学Ⅰ')
2
```

要素の並べ替え

リスト (list) オブジェクト専用のsort()メソッドで、要素の並べ替えを行えます。

◆リストの要素を並べ替える

```
>>> math = ['数学Ⅲ', '数学C', '数学Ⅰ', '数学A', '数学Ⅱ','数学B']
>>> math.sort()                 ───── 昇順で並べ替え
>>> math
['数学A', '数学B', '数学C', '数学Ⅰ', '数学Ⅱ', '数学Ⅲ']
```

```
>>> math.sort(reverse=True)   ——— 降順で並べ替える
>>> math
['数学Ⅲ', '数学Ⅱ', '数学Ⅰ', '数学C', '数学B', '数学A']
```

アルファベット、ひらがな、カタカナは、文字コード順で並べ替えるので、abc順、あいうえお順で並べることができます。漢字も文字コード順になりますが、並べ替えてもあまり意味がないでしょう。

なお、引数に「reverse=True」を指定すると、降順で並べ替えられます。

::: リストのコピー

リストはオブジェクトです。このため、「a = [ ]」としたときのaは空のリストオブジェクトの場所（メモリ上のアドレス）を指すようになります。

これでaと書けば空のリスト [ ] にアクセスできるわけです。このため、aを他の変数に代入すると、オブジェクトの場所を示すアドレス（参照）が代入されます。

◆ **リストを別の変数に代入する**

```
>>> a = [1, 2, 3]       ——— 変数aはリストオブジェクト[1, 2, 3]の場所を指している
>>> b = a ←bに [1, 2, 3] のアドレスが代入される
>>> b
[1, 2, 3]
>>> a[0] = 'ヤッホー！'   ——— aの第1要素を変更する
>>> a
['ヤッホー！', 2, 3]
>>> b
['ヤッホー！', 2, 3]       ——— aもbも同じリストオブジェクトを参照している
```

「参照の代入」ではなく、「リストの本物のコピー」を作成するには、次のいずれかの方法を使います。

- シーケンスオブジェクトのcopy()メソッドを使う（b = a.copy()）
- list()関数を使うb = (list(a))
- リストをスライスして新しいリストを作る（b = a[:]）

---

02 記憶した単語を使って英作文

リストについて「これでもか」ってくらい学びましたが、今回はその実践です。はたしてレイは、自ら記憶した英単語を使って英文を作れるようになるのでしょうか。

博士

レイが自分で英作文できるようにしてもらうんだけど、これにはまず、作文するための単語を覚えてもらわなきゃいけないネ。

どの単語を使うのかは基本文型ごとに異なるから、それぞれの文型ごとにリストとしてまとめてみたヨ。

```
# 主語
s = ['I', 'You', 'He', 'She']
# 第1文型用の動詞
snt1_v  = ['walk', 'run', 'work']
# 第2文型用の動詞、補語
snt2_v  = ['am', 'are', 'is', 'become', 'come']
snt2_c  = ['a student', 'hungry', 'happy']
# 第3文型用の動詞、目的語
snt3_v  = ['play',  'love']
snt3_o  = ['tennis', 'basketball', 'listening to music']
# 第4文型用の動詞、間接目的語、直接目的語
snt4_v  = ['give',  'buy', 'make']
snt4_io = ['me', 'us', 'Rei', 'my sister']
snt4_do = ['a watch', 'a ring', 'character figure']
# 第5文型用の動詞、目的語、補語
snt5_v  = ['think', 'find', 'consider', 'make']
snt5_o  = ['me', 'us', 'Rei', 'my sister']
snt5_c  = ['happy', 'angry', 'good singer', 'good character']
```

さーて、これらのリストを使って英作文してもらうかネ。

⠿ 第1文型のパターンで作文する

リストを作ってもらったのはありがたいんですけど、これをどーやって文型に当てはめるんです？

「'{s} {v}.'.format(sの単語, vの単語)」で英文は作れますけど、今回はリストの中から単語を選んでから当てはめるってことですか、博士？

そう、今回はリストの中にある単語から「1つを選んで」フォーマット文字列、つまり、基本文型のパターンに当てはめていくことで英文を作るようにしたいんだナ。

せっかく単語のリストがあるんだから、その中から選ぶことでレイが自らいろんなパターンの英文を作るってことだね。そこんとこがいかにもAIっぽいんだけど、これにはrandomモジュールのchoice()ってメソッドが役に立つョ。

引数にリストを指定するとリスト中から1つの要素をランダムに取り出してくれるんだナ。

●random.choice()メソッドでランダムに要素を1つだけ抽出する

◆random.choice()メソッドの書式

```
random.choice(リスト)
```

てことは、「choice_s = random.choice(s)」とすれば、リストsの['I', 'You', 'He', 'She']の中から適当に1つ取り出して変数のchoice_sに代入できるってわけですね。

◆random.choice()でランダムに「主語」を選ぶ

```
choice_s = random.choice(s)     s = ['I', 'You', 'He', 'She']
```

'I', 'You', 'He', 'She'のうちどれか1つを抽出

あとは動詞のリスト「snt1_v」から同じように動詞を1つランダムに抽出すれば、第1文型の文章が作れますね。

◆ 第1文型を使って英作文 (ray_answer_sentence.py)

```python
import random              ——— randomモジュールをインポート
s = ['I', 'You', 'He', 'She']
snt1_v  = ['walk', 'run', 'work']
choice_s = random.choice(s)
choice_v = random.choice(snt1_v)
print('第1文型--> {0} {1}.'.format(choice_s, choice_v))
```

◆ 実行結果の例

```
第1文型--> She run.
```

おや？　主語がSheの場合は「三人称・単数・現在」でrunはrunsにしなきゃネ。ifで主語をチェックして'He'か'She'なら動詞の末尾にsを付けるようにしてネ。

うわ、見てたのか博士。えーっとifで主語をチェックして動詞にsですね、こんなのでどうでしょう。

◆ 第1文型を使って英作文 (ray_answer_sentence.py)

```python
import random
s = ['I', 'You', 'He', 'She']
snt1_v  = ['walk', 'run', 'work']

# 第1文型
choice_s = random.choice(s)
choice_v = random.choice(snt1_v)
# 主語が'He'か'She'なら動詞の末尾にsを付ける
if choice_s == 'He' or choice_s == 'She':
    choice_v = choice_v + 's'          ——— 動詞に's'を連結
print('第1文型--> {0} {1}.'.format(choice_s, choice_v))
```

◆ 実行結果の例

```
第1文型--> She runs.
```

第2文型のパターンで作文する

次は「S＋V＋O」の第2文型ですね。といってもリストは、次のようになってますよ。

```
s = ['I', 'You', 'He', 'She']
snt2_v  = ['am', 'are', 'is', 'become', 'come']
snt2_c = ['a student', 'hungry', 'happy']
```

このままランダムに選んじゃうと「I is a student.」とか「He am happy.」になる可能性がありますよ。明らかにおかしいでしょ、博士〜。

主語が'I'の場合はrandom.choice()を使わずに、強制的に動詞を'am'、'You'の場合は'are'にすればいいんだョ。

一方、'He'か'She'が主語になった場合、リストsnt2_vには'am'と'are'が入ってるから、これがチョイスされるとマズイよネ。そこでこの2つの動詞以外を抜き出して（snt2_v[2:]でできるョ）新しいリストを作る。で、そのリストからrandom.choice()で1つ取り出せばバッチリだョ。あと、「三人称・単数・現在」のsも忘れないでネ。

・主語が'I'の場合はsnt2_v[0]で'am'を、'You'の場合はsnt2_v[1]で'are'を取り出してこれを動詞にする。

・'He'か'She'が主語になった場合、リストsnt2_vから'am'と'are'を除いた新しいリストを作って、そのリストからランダムに1つ取り出して末尾にsを付ける。

なんか面倒くさいけど、箇条書きにしてくれたからそれに基づいて作ってみますか。

◆ 第2文型を使って英作文（ray_answer_sentence.py）

```
s = ['I', 'You', 'He', 'She']
snt2_v  = ['am', 'are', 'is', 'become', 'come']
snt2_c = ['a student', 'hungry', 'happy']

# 第2文型
```

英語は連想式で記憶する（リスト、辞書）

```
choice_s = random.choice(s)          ——— 主語をランダムに抽出してchoice_sに代入
choice_v =''                         ——— 動詞を保持する変数
choice_c = random.choice(snt2_c)     ——— 補語をランダムに抽出してchoice_cに代入
if choice_s == 'I':
    choice_v = snt2_v[0]             ——— 主語が'I'なら'am'を抽出してchoice_vに代入
elif choice_s == 'You':
    choice_v = snt2_v[1]             ——— 主語が'You'なら'are'を抽出してchoice_vに代入
elif choice_s == 'He' or choice_s == 'She':——— 主語は'He'または'She'か
    tmp_v = snt2_v[2:]              ——— ❶snt2_vから3番目以降の要素を抽出してtmp_vに代入
    choice_v = random.choice(tmp_v) ——— tmp_vからランダムに抽出してchoice_vに代入
    if choice_v != 'is':           ——— ❷抽出したのは'is'以外か
        choice_v = choice_v + 's'  ——— 'is'以外であれば末尾に's'を連結
print('第2文型--> {0} {1} {2}.'.format(choice_s, choice_v, choice_c))
```

　時間かかっちゃいましたけど、たぶんこれで大丈夫。❶ではインデックシングの仕組みを使って、snt2_v[2:]で3つ目以降の要素を取り出し、リストtmp_vに代入しました。

```
snt2_v  = ['am', 'are', 'is', 'become', 'come']

                    3番目の'is'以降の要素を取り出す

tmp_v = snt2_v[2:] ◄
↓
tmp_v = ['is', 'become', 'come'] のようになる
```

　tmp_vの中身は['is', 'become', 'come']だけになってるはずだから、ここからランダムに取り出せば'He'と'She'のための動詞はバッチリですね。あとは❷の
で'is'以外であれば末尾に's'を連結するだけです。

```
if choice_v != 'is':
    choice_v = choice_v + 's'
```

◆ 実行結果の例

```
第2文型--> She becomes happy.
```

119

⠿ 第3文型のパターンで作文する

わたし 次は「S + V + C」の第3文型ですね。第3文型以降はanとかareの「be動詞」が出てこないから ラクです。主語が'He'か'She'のときだけ動詞の末尾に's'を連結すればOK。

◆ **第3文型を使って英作文（ray_answer_sentence.py）**

```
s = ['I', 'You', 'He', 'She']
snt3_v = ['play', 'love']
snt3_o = ['tennis', 'basketball', 'listening to music']

# 第3文型(S + V + O)
choice_s = random.choice(s)          ——— 主語をランダムに抽出してchoice_sに代入
choice_v = random.choice(snt3_v)     ——— 動詞をランダムに抽出してchoice_vに代入
choice_o = random.choice(snt3_o)     ——— 目的語をランダムに抽出してchoice_oに代入
if choice_s == 'He' or choice_s == 'She':  — ❶
    choice_v = choice_v + 's'
print('第3文型--> {0} {1} {2}.'.format(choice_s, choice_v, choice_o))
```

◆ **実行結果の例**

```
第3文型--> He plays basketball.
```

主語によって同士が変わる場合があるから面倒だけど、if で主語が何であるかをチェックして動詞を当てはめるようにすればうまくいきますね。

第4文型のパターンで作文する

 第4文型の「S + V + IO + DO」は、目的語が2つありますね。動詞は、'He'と'She'のときだけ's'を連結すればいいとして、'I'と'give'が抽出された場合、間接目的語 (IO) として'me'とか'us'が抽出されちゃったらおかしなことになりますよね。「I give me」とか変ですよね、博士？

 主語が'I'のときは間接目的語に'me'や'us'が選択されないようにしなきゃいけないネ。そうするためには、次の2つの処理を加えるといいと思うヨ。

・主語として'I'が選択されていないかチェックする。
・'I'が選択されている場合は、さらに間接目的語が'me'または'us'になっていないかチェックする。

そうであれば'me'と'us'を除いたリストを作って、そこからランダムにもう一度抽出し、これを間接目的語 (IO) とする。

 まず、ifで主語が'I'かを調べて、さらに入れ子にしたifで間接目的語が'me'や'us'であるかを調べるようにすればいいですね。そうすれば変な英文にならずに済みますかね。

◆第4文型を使って英作文 (ray_answer_sentence.py)

```
s = ['I', 'You', 'He', 'She']
snt4_v  = ['give', 'buy', 'make']
snt4_io = ['me', 'us', 'Rei', 'my sister']
snt4_do = ['a watch', 'a ring', 'character figure']


choice_s = random.choice(s)            ——— 主語をランダムに抽出してchoice_sに代入
choice_v = random.choice(snt4_v)       ——— 動詞をランダムに抽出してchoice_vに代入
choice_io = random.choice(snt4_io)     ——— 間接目的語をランダムに抽出してchoice_ioに代入
choice_do = random.choice(snt4_do)     ——— 直接目的語をランダムに抽出してchoice_doに代入


if choice_s == 'He' or choice_s == 'She':
    choice_v = choice_v + 's'      ——— 'He'か'She'であれば動詞に's'を連結
if choice_s == 'I':                           ——— ❶主語が'I'であるか
    if choice_io == 'me' or choice_io == 'us' : ——— ❷間接目的語が'me'または'us'か
        tmp_io = snt4_io[2:]       ——— ❸'me'、'us'を除いた間接目的語のリストを作成
        choice_io = random.choice(tmp_io)     ——— ❹新たなリストからランダムに抽出
print(
```

```
'第4文型--> {0} {1} {2} {3}.'.format(
    choice_s, choice_v, choice_io, choice_do))
```

❶のifで主語が'I'かを調べて、❷の入れ子にしたifで間接目的語が'me'や'us'であるかを調べます。「I make me」とかになりそうな場合はここでチェックするというわけです。

❸でリストsnt4_ioから'me'、'us'を除く要素を取り出し、新しいリストtmp_ioを作ります。

```
snt4_io = ['me', 'us', 'Rei', 'my sister']

                            3番目の'Rei'以降の要素を取り出す

tmp_io = snt4_io[2:]
↓
tmp_io = ['Rei', 'my sister']のようになる
```

❹ではrandom.choice()メソッドでリストsnt4_doからランダムに抽出します。これで'Rei'または 'my sister'のどれかが'I'の間接目的語に選ばれるはずです。

では、プログラムを繰り返し実行して、どんなパターンの英文が作成されるか見てみましょう。

◆ 実行結果の例

```
第4文型--> I buy my sister a ring.          ——— 1回目
第4文型--> I give Rei a ring.               ——— 2回目
第4文型--> You buy Rei character figure.    ——— 3回目
第4文型--> He gives Rei a ring.             ——— 4回目
```

うまくいったようです。主語がIのときは'me'や 'us'が間接目的語になることはないみたいですね。

レイに何を覚えさせたんだい！
しかも条件式間違ってるし。

You is xxxx

⣿ 第5文型のパターンで作文する

最後は、第5文型(S + V + O + C)に基づいた英作文です。主語以外の動詞、目的語、補語のリストは次のようになっていますから、それぞれランダムに抽出して文を作ればいいですね。

```
snt5_v  = ['think', 'find', 'consider', 'make']       ── 動詞のリスト
snt5_o  = ['me', 'us', 'Rei', 'my sister']            ── 目的語のリスト
snt5_c  = ['happy', 'angry', 'good singer', 'good character']  ── 補語のリスト
```

おっと、今回も目的語に'me'と'us'がありますね。

「I think me happy.」とか「I find us angry.」となると微妙な感じもしますが、英文としては成立するので、第4文型のときのように除いてしまわずに、このまま使うことにしましょう。

◆ 第5文型を使って英作文 (ray_answer_sentence.py)

```
choice_s = random.choice(s)         ── 主語をランダムに抽出してchoice_sに代入
choice_v = random.choice(snt5_v)    ── 動詞をランダムに抽出してchoice_vに代入
choice_o = random.choice(snt5_o)    ── 目的語をランダムに抽出してchoice_oに代入
choice_c = random.choice(snt5_c)    ── 補語をランダムに抽出してchoice_cに代入
if choice_s == 'He' or choice_s == 'She':
    choice_v = choice_v + 's'
print(
    '第5文型--> {0} {1} {2} {3}.'.format(
        choice_s, choice_v, choice_o, choice_c))
```

うまくいくか試してみましょう。

◆ 実行結果の例

```
第5文型--> I consider Rei happy.     ── 1回目
第5文型--> You make us angry.        ── 2回目
```

では、今回作成したプログラムの全体を見てみましょう。

◆ 単語リストを使って英作文するプログラム (ray_answer_sentence.py)

```
import random

# 主語のリスト
```

```
s = ['I', 'You', 'He', 'She']
# 第1文型用の単語リスト
snt1_v  = ['walk', 'run', 'work']
# 第2文型用の単語リスト
snt2_v  = ['am', 'are', 'is', 'become', 'come']
snt2_c  = ['a student', 'hungry', 'happy']
# 第3文型用の単語リスト
snt3_v  = ['play',  'love']
snt3_o  = ['tennis', 'basketball', 'listening to music']
# 第4文型用の単語リスト
snt4_v  = ['give',  'buy', 'make']
snt4_io = ['me', 'us', 'Rei', 'my sister']
snt4_do = ['a watch', 'a ring', 'character figure']
# 第5文型用の単語リスト
snt5_v  = ['think', 'find', 'consider', 'make']
snt5_o  = ['me', 'us', 'Rei', 'my sister']
snt5_c  = ['happy', 'angry', 'good singer', 'good character']

# 第1文型
choice_s = random.choice(s)
choice_v = random.choice(snt1_v)
if choice_s == 'He' or choice_s == 'She':
    choice_v = choice_v + 's'
print('第1文型--> {0} {1}.'.format(choice_s, choice_v))

# 第2文型
choice_s = random.choice(s)
choice_v =''
choice_c = random.choice(snt2_c)
if choice_s == 'I':
    choice_v = snt2_v[0]
elif choice_s == 'You':
    choice_v = snt2_v[1]
elif choice_s == 'He' or choice_s == 'She':
    tmp_v = snt2_v[2:]
    choice_v = random.choice(tmp_v)
    if choice_v != 'is':
        choice_v = choice_v + 's'
print('第2文型--> {0} {1} {2}.'.format(choice_s, choice_v, choice_c))
```

```python
# 第3文型(S + V + O)
choice_s = random.choice(s)
choice_v = random.choice(snt3_v)
choice_o = random.choice(snt3_o)
if choice_s == 'He' or choice_s == 'She':
    choice_v = choice_v + 's'
print('第3文型--> {0} {1} {2}.'.format(choice_s, choice_v, choice_o))

# 第4文型(S + V + IO + DO)
choice_s = random.choice(s)
choice_v = random.choice(snt4_v)
choice_io = random.choice(snt4_io)
choice_do = random.choice(snt4_do)
if choice_s == 'He' or choice_s == 'She':
    choice_v = choice_v + 's'
if choice_s == 'I':
    if choice_io == 'me' or choice_io == 'us' :
        tmp_io = snt4_io[2:]
        choice_io = random.choice(tmp_io)
print(
    '第4文型--> {0} {1} {2} {3}.'.format(
        choice_s, choice_v, choice_io, choice_do))

# 第5文型(S + V + O + C)
choice_s = random.choice(s)
choice_v = random.choice(snt5_v)
choice_o = random.choice(snt5_o)
choice_c = random.choice(snt5_c)
if choice_s == 'He' or choice_s == 'She':
    choice_v = choice_v + 's'
print(
    '第5文型--> {0} {1} {2} {3}.'.format(
        choice_s, choice_v, choice_o, choice_c))
```

◆実行結果の例

```
第1文型--> She runs
第2文型--> She comes happy.
第3文型--> She loves listening to music.
第4文型--> You make my sister a ring.
第5文型--> He makes Rei good singer.
```

03 関数を作ってソースコードを スッキリさせる

前回は、基本5文型に基づいて5つのパターンで作文できるようにしましたが、コードの量もそれなりに多くなりました。

英作文するプログラムは、処理自体を大きく分けると第1文型から第5文型までの5つの処理に分けられるよね。そこで、これらの処理を5つのブロックに分けてみたらどうかナ。

でも分けるだけじゃこれまでとほとんど変わらないから、「ブロックに名前を付ける」、そう「関数」にしてしまうといいかもしれない。そうすれば、それぞれの処理を関数名という名前で管理できるようになるし、コードも読みやすくなる。

それに関数名を書くだけでいつでも呼び出

せるから、一度書いたコードを何度も使えて便利だヨ。

はあ、関数ですか。print()やその他いろんな関数を使ってきましたが、これはPythonにあらかじめ用意されていたから使えたわけですよね。つまり、「Pythonにかかわる開発者たちが作った関数」を利用してきたってことです。

でも、そんなエキスパートの開発者と同じように自分で関数なんて作れるものでしょうか。

そもそも関数ってなに？ どうやって作る？

これまでのソースコードは、処理の順番どおりに書いてきました。処理ごとにコードを並べた小さな断片の集まりともいえるものです。その場限りの処理をちゃちゃっとやるにはこれでよいのですが、どこかで同じことをやるとしたら同じコードをタイプするのは面倒です。

また、プログラムの中でいろんな処理をするようになると、どのコードが何をするためのものなのかがわかりにくくなってきます。これは、ソースコードを修正したり加増したりといった「保守」の面からも好ましくはありません。

そこで、「ある特定の処理」を行うコードを1

つのブロックにまとめ、名前を付けて管理できるようにします。これが**関数**です。

関数は「名前の付いたコードブロック」なので、任意の場所に書くことができます。

なお、関数に似た仕組みとしてメソッドがありますが、構造自体はどちらも同じものなので、書き方のルールも同じです。defキーワードに続けて関数名を書き、呼び出し元からの引数を受け取るパラメーターを()の中に書いて最後にコロン(:)を付けます。インデントして書いた範囲が関数のブロックとして扱われます。

こうやって関数を作ることを**関数の定義**と呼びます。関数の定義は次のようにして行います。

英語は連想式で記憶する（リスト、辞書）

◆ **関数の定義**

書式	def 関数名 (パラメーター1, パラメーター2, ...)
	[Tab] 処理
	[Tab]...
	[Tab]return 戻り値

Point! 関数名

関数名の先頭は英字か_でなければなら
ず、英字、数字、_以外の文字は使えません。

パラメーターとは

パラメーターというものは、関数の呼び出し
元から値を受け取るためのものです。

print('こんちは')と書いた場合、print()関
数本体は、'こんちは'という引数を関数側のパ
ラメーターで受け取っていたというわけです。

パラメーターは、関数側で定義するので変数
と同じように任意の名前を付けることができ
ます。もし、パラメーターが必要ないのであれ
ば、関数名のあとの ( )の中を空にしておきま
す。

戻り値とは

関数で処理した結果を呼び出し元に渡した
い場合は「戻り値」として返すようにします。
「return 戻り値」と書き、戻り値には文字列や
数値などのリテラルや変数を指定できます。

変数を指定した場合は、変数に代入されてい
る値が戻り値として返されます。「return a」と

した場合は変数名であるaが返されるのでは
なく、「変数aに代入されている値」が返されま
す。

戻り値を返さずに、処理だけを行いたいとき
は「return 戻り値」の記述を省略して (書かな
いで) おきます。

::::: 関数を定義する

さっそくですが、受け取った値
に'-->なんてわかんないよ'とい
う文字列を連結し、これを戻り値

として返す関数add_msg()を作ってみましょ
う。

◆ **受け取った値に文字列を付けて返す** (echo1.py)

```
def add_msg(subject):
    result = subject + '->なんてわかんないよ'  ——— パラメーターの文字列に連結する
```

```
return result                                ——— 連結後の文字列を戻り値として返す
```

関数名はadd_msgで、subjectというパラメーターが1つあります。処理としては、パラメーターsubjectで受け取った値に'->なんてわかんないよ'を連結します。最後に連結後の文字列を戻り値として返します。

では、この関数を利用するコードを作ってみましょう。入力文字列をinput()関数で取得し、これを引数にしてadd_msg()を呼び出すようにします。

関数を定義したのと同じモジュール内で呼び出す場合は、関数の定義よりあとの部分で呼び出します。関数定義より前の部分で呼び出すとエラーになるので注意してください。

◆ **add_msg()関数を呼び出して戻り値を取得する（echo.py）**

```
sb = input('>')               ——— 入力された文字列を取得
msg = add_msg(sb)             ——— 入力文字列を引数にしてadd_msg()を呼び出す
print(msg)                    ——— add_msg()の戻り値を画面に出力
```

◆ **実行結果**

```
>微分          ——— 入力する
微分 - >なんてわかんないよ
```

関数名(引数)と書いて呼び出すと、引数に指定した値が関数側のパラメーターにコピーされます。関数内部の処理が順次、実行されて最後にreturnで指定した戻り値が呼び出し元に返されます。その結果、変数msgには「'入力文字列' + '->なんてわかんないよ'」が代入されます。

◆ **関数を呼び出したときの処理の流れ**

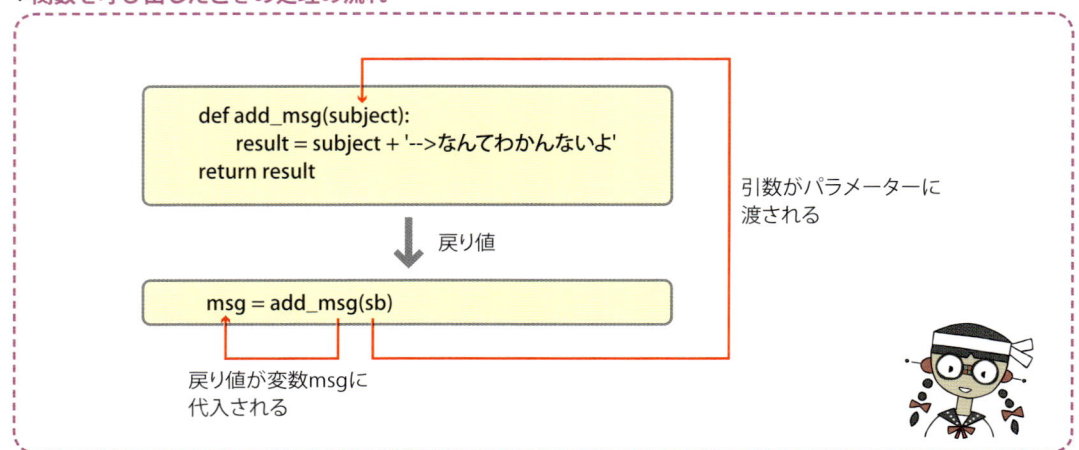

::: パラメーターを指定する

 パラメーターは必要な数だけ設定できますので、先ほどのadd_msg()関数で2つの文字列を受け取るようにしてみましょう。

◆ 複数のパラメーターを設定（parameter.py）

```
def add_msg(s1, s2):
    result = s1 + '->' + s2 + '->なんてわかんないよ'
    return result

sb1 = input('>')
sb2 = input('>')
msg = add_msg(sb1, sb2)
print(msg)
```

◆ 実行結果

```
>微分
>積分
微分-->積分-->なんてわかんないよ
```

呼び出し側の引数と関数のパラメーターの順番は同じである必要があります。上記の場合は、引数sb1の値がパラメーターs1、引数sb2の値がパラメーターs1に渡されます。

◆ 引数を関数のパラメーターに渡す

```
msg = add_msg('微分', '積分')
```
← 引数にした実際の値

```
def add_msg(s1, s2):
    result = s1 + '->' + s2 + '->なんてわかんないよ'
    return result
```

⠿ キーワード引数

とはいえ、「順番を気にせずにパラメーターに渡したい」ということもあるかと思います。

この場合はパラメーター名を指定することで、引数の値を渡すことができます。これを**キーワード引数**と呼びます。

◆ キーワード引数を指定して関数を呼び出す

```
msg = add_msg(s2 = sb2, s1 = sb1) ── 引数sb2をs2、引数sb1をs1に渡す
```

次のように、位置指定の引数とキーワード引数を混ぜてもかまいません。

ただし、キーワード引数は、位置指定タイプ

の引数のあとに書く必要があります。先に書いてしまうとエラーになるので注意してください。

◆ 位置指定型の引数とキーワード引数を混在させる

```
msg = add_msg('微分', s2 = '積分')
```
パラメーターs1に渡される
パラメーターs2に渡される
キーワード引数は位置指定のあとに書く

⠿ デフォルトパラメーター

パラメーターを持つ関数には、必ずしも引数を渡さなくてはならないわけではありません。

関数側でパラメーターの値を設定しておけ

ば、引数が渡されなかった場合に、設定済みの値が代わりに使用されるようになります。これを**デフォルトパラメーター**と呼びます。

◆ デフォルトパラメーター（default_param.py）

```
def add_msg(a, b='今はいいよ'):
    print(a, '-->', b)


add_msg('問題集やるよ！')
```

◆ 実行結果

```
問題集やるよ！ --> 今はいいよ
```

デフォルトパラメーターは、デフォルト値を持たないパラメーターのあとに書く必要があります。例では、引数が1つだけなので、この

値がパラメーターaに渡されます。もし、引数を2つ指定したらパラメーターbのデフォルト値が上書きされます。

基本5文型で作文する処理をすべて関数にする

変数が「データに名前を付けたもの」であるなら、「処理を行うブロックに名前を付けたもの」関数ってわけですね。それなら、例の基本5文型の作文プログラムはだいぶスッキリするのではないでしょうか。なにしろ第1文型からずらずらと処理を書いているだけですからね。

では、第1文型で作文する処理から、次のような関数名を付けていくことにしましょうか。

まず、「def 関数名():」を先に書いて、処理のブロックをインデントして配置すれば、関数の出来上がりですね。

- 第1文型で作文する　first_pattern()
- 第2文型で作文する　second_pattern()
- 第3文型で作文する　third_pattern()
- 第4文型で作文する　fourth_pattern()
- 第5文型で作文する　fifth_pattern()

今回は、「ray_answer_sentence2.py」というモジュールを作成し、前回の「ray_answer_sentence1.py」と同じようにrandomのインポート文、リストを作成する部分を書いてから、以下の関数を定義するコードを書いていきます。

◆ 第1文型で作文する first_pattern() 関数

```python
def first_pattern():
    choice_s = random.choice(s)
    choice_v = random.choice(snt1_v)
    if choice_s == 'He' or choice_s == 'She':
        choice_v = choice_v + 's'
    print('第1文型--> {0} {1}.'.format(choice_s, choice_v))
```

◆ 第2文型で作文する second_pattern() 関数

```python
def second_pattern():
    choice_s = random.choice(s)
    choice_v =''
    choice_c = random.choice(snt2_c)
    if choice_s == 'I':
        choice_v = snt2_v[0]
    elif choice_s == 'You':
        choice_v = snt2_v[1]
    elif choice_s == 'He' or choice_s == 'She':
        tmp_v = snt2_v[2:]
        choice_v = random.choice(tmp_v)
        if choice_v != 'is':
```

```
        choice_v = choice_v + 's'
    print('第2文型--> {0} {1} {2}.'.format(choice_s, choice_v, choice_c))
```

◆ 第3文型で作文する third_pattern() 関数

```
def third_pattern():
    choice_s = random.choice(s)
    choice_v = random.choice(snt3_v)
    choice_o = random.choice(snt3_o)
    if choice_s == 'He' or choice_s == 'She':
        choice_v = choice_v + 's'
    print('第3文型--> {0} {1} {2}.'.format(choice_s, choice_v, choice_o))
```

◆ 第4文型で作文する fourth_pattern() 関数

```
def fourth_pattern():
    choice_s = random.choice(s)
    choice_v = random.choice(snt4_v)
    choice_io = random.choice(snt4_io)
    choice_do = random.choice(snt4_do)
    if choice_s == 'He' or choice_s == 'She':
        choice_v = choice_v + 's'
    if choice_s == 'I':
        if choice_io == 'me' or choice_io == 'us' :
            tmp_io = snt4_io[2:]
            choice_io = random.choice(tmp_io)
    print(
        '第4文型--> {0} {1} {2} {3}.'.format(
            choice_s, choice_v, choice_io, choice_do))
```

◆ 第5文型で作文する fifth_pattern() 関数

```
def fifth_pattern():
    choice_s = random.choice(s)
    choice_v = random.choice(snt5_v)
    choice_o = random.choice(snt5_o)
    choice_c = random.choice(snt5_c)
    if choice_s == 'He' or choice_s == 'She':
        choice_v = choice_v + 's'
    print(
        '第5文型--> {0} {1} {2} {3}.'.format(
            choice_s, choice_v, choice_o, choice_c))
```

関数を作るのは簡単にできたようだね。あとは関数名()と書けばいつでも呼び出せるんだけど、ただ呼び出すだけじゃ前回と変わらないから、例のwhileループを作ってユーザーから文型を指定してもらうようにしよう。

あとは、入力された値によってif...elifで処理を分ける、つまり、5つの関数を呼び分ける

ようにすればいいかな。双方向型の対話プログラムにしてAIっぽくしてみてネ。

ああ、数学の計算のときに使ったパターンですね。input()関数で取得した値に応じて、if...elifで処理を分けるのですね。

```
print('基本5文型を使って英作文するね！')while True:
    pattern =input('どの文型にする？>')
    if pattern == 'OK':        ──── 'OK'が入力されたらbreakでループを抜ける
        print('またね～')
        break
    elif pattern == '1':       ──── '1'が入力されたらfirst_pattern()を実行
        first_pattern()
    elif pattern == '2':       ──── '2'が入力されたらsecond_pattern()を実行
        second_pattern()
    elif pattern == '3':       ──── '3'が入力されたらthird_pattern()を実行
        third_pattern()
    elif pattern == '4':       ──── '4'が入力されたらfourth_pattern()を実行
        fourth_pattern()
    elif pattern == '5':       ──── '5'が入力されたらfifth_pattern()を実行
        fifth_pattern()
    else:
        print('なにそれ？')      ──── OK、1,2、3、4、5以外が入力された場合'
```

こんな感じでいかがでしょうか。博士が言うような対話型になったと思いますよ。では、さっそく試してみましょう。

◆**実行結果**

```
基本5文型を使って英作文するね！
どの文型にする？>4
第4文型--> I buy my sister character figure.
どの文型にする？>4
第4文型--> She gives Rei a watch.
どの文型にする？>3
```

```
第3文型--> He loves basketball.
どの文型にする？ >2
第2文型--> He comes hungry.
どの文型にする？ >5
第5文型--> I consider us happy.
どの文型にする？ >5
第5文型--> You consider my sister good character.
どの文型にする？ >1
第1文型--> He works.
どの文型にする？ >OK
またね～
```

うまく行きました。文型の数字の部分を指定するとちゃんと答えてくれます。ただ、リストの単語の数がそれほど多くないので、もう少し追加してあげてもいいかもしれませんね。

あと、動詞を過去形に変換する処理を作ったことがありましたが、これを組み込んでもいいかもしれません。ランダムに現在形にしたり過去形にしたりするのです。ただ、そうするとコードがだいぶ長くなるので1つのモジュールに収めるのはおそらく無理でしょう。

この辺りのことはCHAPTER 6でやるようなので、今後の課題として留めておきたいと思います。

◆ **今回のソースコード（ray_answer_sentence2.py）**

```python
import random

s = ['I', 'You', 'He', 'She']
snt1_v  = ['walk', 'run', 'work']
snt2_v  = ['am', 'are', 'is', 'become', 'come']
snt2_c  = ['a student', 'hungry', 'happy']
snt3_v  = ['play',  'love']
snt3_o  = ['tennis', 'basketball', 'listening to music']
snt4_v  = ['give',  'buy', 'make']
snt4_io = ['me', 'us', 'Rei', 'my sister']
snt4_do = ['a watch', 'a ring', 'character figure']
snt5_v  = ['think', 'find', 'consider', 'make']
snt5_o  = ['me', 'us', 'Rei', 'my sister']
snt5_c  = ['happy', 'angry', 'good singer', 'good character']


# 第1文型
def first_pattern():
```

```python
    choice_s = random.choice(s)
    choice_v = random.choice(snt1_v)
    if choice_s == 'He' or choice_s == 'She':
        choice_v = choice_v + 's'
    print('第1文型--> {0} {1}.'.format(choice_s, choice_v))


# 第2文型
def second_pattern():
    choice_s = random.choice(s)
    choice_v =''
    choice_c = random.choice(snt2_c)
    if choice_s == 'I':
        choice_v = snt2_v[0]
    elif choice_s == 'You':
        choice_v = snt2_v[1]
    elif choice_s == 'He' or choice_s == 'She':
        tmp_v = snt2_v[2:]
        choice_v = random.choice(tmp_v)
        if choice_v != 'is':
            choice_v = choice_v + 's'
    print('第2文型--> {0} {1} {2}.'.format(choice_s, choice_v, choice_c))


# 第3文型 (S + V + O)
def third_pattern():
    choice_s = random.choice(s)
    choice_v = random.choice(snt3_v)
    choice_o = random.choice(snt3_o)
    if choice_s == 'He' or choice_s == 'She':
        choice_v = choice_v + 's'
    print('第3文型--> {0} {1} {2}.'.format(choice_s, choice_v, choice_o))


# 第4文型 (S + V + IO + DO)
def fourth_pattern():
    choice_s = random.choice(s)
    choice_v = random.choice(snt4_v)
    choice_io = random.choice(snt4_io)
    choice_do = random.choice(snt4_do)
    if choice_s == 'He' or choice_s == 'She':
        choice_v = choice_v + 's'
```

```python
        if choice_s == 'I':
            if choice_io == 'me' or choice_io == 'us' :
                tmp_io = snt4_io[2:]
                choice_io = random.choice(tmp_io)
        print(
            '第4文型--> {0} {1} {2} {3}.'.format(
                choice_s, choice_v, choice_io, choice_do))


# 第5文型(S + V + O + C)
def fifth_pattern():
    choice_s = random.choice(s)
    choice_v = random.choice(snt5_v)
    choice_o = random.choice(snt5_o)
    choice_c = random.choice(snt5_c)
    if choice_s == 'He' or choice_s == 'She':
        choice_v = choice_v + 's'
    print(
        '第5文型--> {0} {1} {2} {3}.'.format(
            choice_s, choice_v, choice_o, choice_c))

print('基本5文型を使って英作文するね!')
while True:
    pattern =input('どの文型にする？>')
    if pattern == 'OK':
        print('またね～')
        break
    elif pattern == '1':
        first_pattern()
    elif pattern == '2':
        second_pattern()
    elif pattern == '3':
        third_pattern()
    elif pattern == '4':
        fourth_pattern()
    elif pattern == '5':
        fifth_pattern()
    else:
        print('なにそれ？')
```

04 受験にまつわる名言・格言を ランダムに表示する

今回は、博士のマニュアルでひたすら学習することになりそうですが、繰り返し処理やランダムな値の生成など、レイの開発にとって役立つ内容みたいです。

受験の名言・格言を連続10回繰り返す

次は、やる気が出る言葉を連続して表示するプログラムです。

◆ 連続して名言を表示 (sayings.py)

```
for count in range(10):
    print('努力は才能を超える！')
```

処理回数を保持する変数　　繰り返す処理　　処理を10回繰り返す

◆ 実行結果

```
努力は才能を超える！
努力は才能を超える！
努力は才能を超える！
努力は才能を超える！
努力は才能を超える！
努力は才能を超える！
努力は才能を超える！
努力は才能を超える！
努力は才能を超える！
努力は才能を超える！
```

テレビ番組のリピート再生もちょっとウンザリすることありますよね。

'努力は才能を超える！'という文字列の表示を10回繰り返しました。

こんなに繰り返されるとちょっとうんざりしてしまいますが、怒涛のヤル気プログラムとしておきましょう。

問題は、forの次の行です。「print('努力は才能を超える！')」としか書かれていないのに、表示が10回繰り返されています。これは、forによって繰り返し（ループ）が行われているためです。

◆ forの書式

> **書式**
>
> for 変数 in イテレート可能なオブジェクト：
> 　　処理
> 　　　・
> 　　　・

　inのあとに「イテレート可能なオブジェクト」とありますが、「イテレート (iterate)」とは「繰り返し処理する」という意味です。

　これが何者かというと「イテレート（繰り返し処理）が可能なオブジェクト」ということになります。つまり、オブジェクトの中から順に値を取り出せることを意味しているのです。

　前にリストは「シーケンス」であると述べたことを覚えていますか？　データが順番に並んでいて、並んでいる順番で処理が行えるデータをシーケンスと呼ぶのでした。リストも文字列もイテレート可能なシーケンスです。

　次のように書くと、まずリストの先頭の要素が取り出されて変数numに代入され、forのブロックが実行されます。その後はリストの2番目以降の要素が順に処理されていきます。

◆ リストをイテレートする（iterate1.py）

```
for num in [1, 2, 3, 4 ,5]:
        ┌ループ1回目
        ├ループ2回目
        ├ループ3回目
        ├ループ4回目
        └ループ5回目
    print(num) ─── ループ1回ごとに実行される
```

◆ 実行結果

```
1
2
3
4
5
```

◆ 文字列をイテレートする（iterate2.py）

```
for str in '七転び八起き':
    print(str)
```

◆ 実行結果

```
七
転
び
八
起
き
```

⋮⋮⋮range()関数の戻り値でイテレートする

冒頭の10回繰り返すプログラムでは、イテレート可能なオブジェクトとしてrange()という関数を使いました。

オブジェクトなのになぜ関数なのかが疑問ですが、実はrange()関数は「引数に指定した整数値をイテレート可能なオブジェクトにする」という機能があります。

● **range()関数**

第1引数のカウントを開始する値から第2引数のカウントを終了する値までの整数値（int）を順番に返します。

ただし、カウントを終了する値の直前の値で終了します。第3引数はカウントアップする際のステップ数で、省略した場合は1ずつカウントアップされます。

書式 range(開始する値, 終了する値[, ステップ])

range(5)とした場合は、終了する値の部分だけが指定されたことになるので、0から1ずつ5の直前までの値が順番に返されます。5は含まれないことに注意してください。

◆ **range()関数が返す値を表示してみる（for_range.py）**

```
for count in range(5):
    print(count)
```

0、1、2、3、4を順に返す

◆ **実行結果**

```
0
1
2
3
4
```

0から4までが順に出力されました。いってみればin range(5)は、in[1, 2, 3, 4, 5]と書いたのと同じことになります。でも、10回処理を繰り返したいのに1から10までの要素を持つリストを作るのは面倒なので、それに代わることをrange()関数がやってくれるというわけです。

このように、「回数を指定して繰り返す」場合は、forとrange()関数の組み合わせを使います。

Chapter 1　Chapter 2　Chapter 3　Chapter 4　**Chapter 5**　Chapter 6　Chapter 7

▦ forのブロック

forで繰り返す処理の範囲は、「インデントして書かれたソースコード」です。この部分がforのブロックとして指定した回数だけ実行されます。

◆forのブロック

```
for count in range(5):          ── countの値が5になったら終了
        処理1
        処理2                    ── ここまで処理したらforに戻る
処理                             ── forの処理が終わったらここから順に実行されていく
```

▦ 2つの名言を交互に繰り出す

次は、2つの名言を交互に繰り出すプログラムです。

◆2つの名言を交互に出力する（sayings_alternate1.py）

```
saying1 = '努力にかなう天才なし'
saying2 = '満点とらなくても合格できるよ'
for count in range(4):
    if count % 2 ==0:           ── countを2で割ったときの余りが0と等しいか
            print(saying1)
    else:
            print(saying2)
```

countの値を2で割った余りが0であればsaying1を出力　　それ以外はsaying2を出力

◆実行結果

```
努力にかなう天才なし
満点とらなくても合格できるよ
努力にかなう天才なし
満点とらなくても合格できるよ
```

今回のポイントはforブロックの中のifとelseです。ifの条件式は「count % 2 ==0」です。

変数countには、繰り返しの処理をはじめると0から3までの値がセットされていきますので、「count % 2」とすることで2で割った余りを求め、続く「== 0」で0と等しいかを確認します。これで「countを2で割ったときの余りが0と等しいか」という条件式になります。つまり、countが偶数かどうかを調べているのです。

◆ **for ループ内部の if と else**

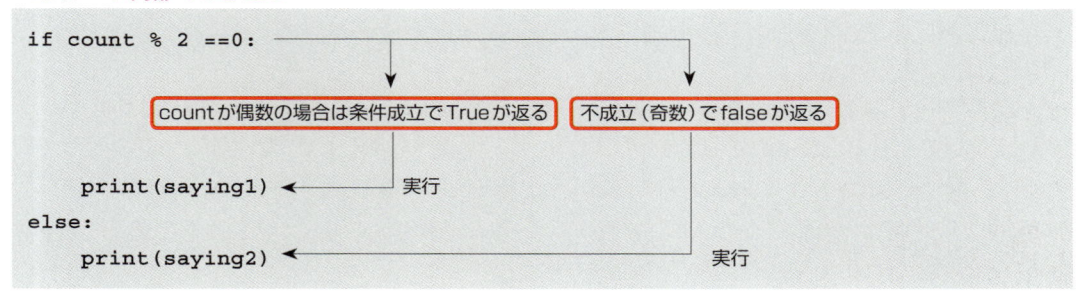

forブロックの中にif...elseを入れたことで、countが0〜3と増えていくに従って、saying1とsaying2が交互に出力されることになりました。

if に elif を加えて条件を2つに増やす

先のプログラムでは、2つの名言を交互に繰り出すようにしましたが、単調なのは否めません。

そこで、forブロック内のif...elseにelifを加えることで3つの処理を織り交ぜるようにしてみましょう。

◆ **3つの名言を織り交ぜて出力する**（sayings_alternate1.py）

```
saying1 = '模試のA判定より合格通知'
saying2 = 'いつやるの?いまでしょ!'
saying3 = '体力の限界はあるが頭の限界はない'
for count in range(8):
    if (4 <= count) and (count % 2 == 0):      ← countが6以上、かつ2で割った
        print(saying1)                            余りが0であるか
    elif count % 2 == 0:      ← countを2で割って余りが0であるか
        print(saying2)
    else:      ← どれにも当てはまらない場合に実行
        print(saying3)
```

いつやるの？いまでしょ！	——— 1回目（count = 0）	
体力の限界はあるが頭の限界はない	——— 2回目（count = 1）	
いつやるの？いまでしょ！	——— 3回目（count = 2）	
体力の限界はあるが頭の限界はない	——— 4回目（count = 3）	
模試のA判定より合格通知	——— 5回目（count = 4）(4 <= count) and (count % 2 == 0)	
体力の限界はあるが頭の限界はない	——— 6回目（count = 5）	
模試のA判定より合格通知	——— 7回目（count = 6）(4 <= count) and (count % 2 == 0)	
体力の限界はあるが頭の限界はない	——— 8回目（count = 7）	

今回は、elifを加えて条件式を2つにしています。1つ目の条件式「countが4以上、かつ2で割った余りが0」であれば、saying1が繰り出されます。2つ目の条件式「countを2で割って余りが0」であれば、saying2です。どれにも当てはまらなければ、saying3となります。

countが4以上であればifとelifのどちらの条件式も成立しますが、そのときは先に書いてある条件式1の処理が実行されて終了します。

∷ 名言を繰り出すパターンをランダムにしよう

いろんな名言を織り交ぜるようになったのはよいのですが、ワンパターンなのがどうも気になります。出力する名言をランダムに選択することを考えてみましょう。

◆4つの名言をランダムに出力する（sayings_alternate1.py）

```python
import random          ——— randomモジュールをインポート

saying1 = '模試のA判定より合格通知'
saying2 = 'いつやるの？いまでしょ！'
saying3 = '体力の限界はあるが頭の限界はない'
saying4 = '夢は逃げない。逃げるのはいつも自分'
for count in range(5):          ——— 5回繰り返す

    x = random.randint(1, 10)   ——— ❶
    if x <= 3:
        print(saying1)
    elif x >= 4 and x <= 5:
        print(saying2)
    elif x >= 6 and x <= 7:
```

```
        print(saying3)
    else:
        print(saying4)
```

◆実行結果の例

夢は逃げない。逃げるのはいつも自分
体力の限界はあるが頭の限界はない
いつやるの？いまでしょ！
模試のＡ判定より合格通知
体力の限界はあるが頭の限界はない

randomというモジュールには、擬似乱数を生成するメソッドが定義されています。

●random.randint()メソッド

a以上b以下のランダムな整数を返します。

◆random.randint()メソッドの書式

書式	randint(a, b)

randomのオブジェクト（インスタンス）は、便宜的に内部で1個だけ生成されます。

randomというモジュール名を書けばそのインスタンスが参照されるので、そのままメソッドを実行できます。

1〜10までの10通りの可能性があり、この値によってどの名言を繰り出すのかを決めています。1、2、3のいずれかであればsaying1、4か5であればsaying2、6か7でsaying3、残りの8、9、10でsaying4を出力します。

この割合によって繰り出す攻撃の確率が決まり、ランダムだけど出力に傾向があることを表現できます。出力される名言の偏りを調整したいときは、ここを修正すればよいわけです。

ランダムな値によって処理を分岐させるという手法は、会話のシミュレーションやゲームでよく使われます。

```
x = random.randint(1, 10)
```

1〜10までの整数をランダムに生成

内部で生成済みのrandomオブジェクトを参照

05 リストの操作について学ぶ

どうせなら使い道が同じデータならまとめて扱いたいです。「受験にまつわる名言」は
リストにまとめた方がAIっぽいことができるんじゃないでしょうか。

前回は、forを使った繰り返しについて学んでもらったけど、forでリストを操作すると、とっても便利なんだヨ。そもそもリストはイテレートが可能なオブジェクトだからネ。

　…てことで、今回は大学受験にまつわる名言をリストにして、forで出力するプログラムを作ってみてくれるかネ。

名言をリストにして先頭要素から順番に出力する

そうですか、文字列を要素にしたリストを作って順番に出力すればいいんですね。簡単ですよー。

◆ リストの中身を直接取り出して出力

```
for saying in ['頑張れ！', '合格間違いなし', 'これで完璧！']:
    print(say)
```

あ、でもリストはちゃんと作った方がいいですね。では、ネットから集めた受験に関する名言のリストを作ってからforループで出力するようにしましょうか。

◆ 名言のリストから順番に出力する（sayings_list.py）

```
sayings = ['今頑張れない奴は一生頑張れない',
           '学力＝勉強時間＋勉強の質',
           '努力の前に成功がくるのは辞書の中だけである',
           '現状維持では成長していない',
           'あきらめなければ道は開ける',
           'やらないで後悔するな！やってから後悔しろ',
           '夢は逃げない。逃げるのはいつも自分']

for saying in sayings:        ——— リストから要素を1つずつ取り出す
    print(saying)             ——— 画面に出力
```

◆ 実行結果

```
今頑張れない奴は一生頑張れない
学力＝勉強時間＋勉強の質
努力の前に成功がくるのは辞書の中だけである
現状維持では成長していない
あきらめなければ道は開ける
やらないで後悔するな！やってから後悔しろ
夢は逃げない。逃げるのはいつも自分
```

　ま、簡単ですね。実際の処理を行うforブロックは2行で済んじゃいました。リストの中身を単純に出力するだけだからこんなもんで

す。しかし、何か身につまされる言葉ばかりですねえ。

名言をリストにして繰り返しランダムに出力する

　簡単に書けたのは、forがリストとの相性バツグンだからだヨ。このような処理はこれからどんどん使うことになるからよーく覚えといてネ。

　ところで、リストの中身を順番に表示するだけじゃ面白くないから、いろいろ順番を変えて出力してみようかね。前回のレクチャーでは疑似乱数を利用して名言を繰り出すようにしたけど、リストならそんなことをしなくても要素をランダムに取り出すことができるんだナ。

　randomモジュールには、リストからランダムに1つの要素を取り出すrandom.choice()というメソッドがあるのでこれを使って出力するようにしてみてくれる？

● random.choice()

　引数に指定したリストの中からランダムに1つの要素を取り出し、これを戻り値として返します。

◆ random.choice()メソッドの書式

書式	random.choice(リスト)

　1回の処理ごとにrandom.choice()メソッドで取り出して出力するわけですね。でも、そうすると

for xx in リストにはできないから、for xx in range()で繰り返しの回数を指定しなきゃならないですね。すると、こんな感じですか

◆ リストの要素をランダムに抽出する（sayings_random_choice.py）

```
import random                    ——— randomモジュールをインポート

#  名言のリスト
```

```
sayings = [ '今頑張れない奴は一生頑張れない',
            '学力＝勉強時間＋勉強の質',
            '努力の前に成功がくるのは辞書の中だけである',
            '現状維持では成長していない',
            'あきらめなければ道は開ける']
# 出力を5回繰り返す
for count in range(5):
    temp = random.choice(sayings)        ——— リストからランダムに1つ取り出す
    print(temp)                          ——— 取り出した名言を出力
```

◆ **実行結果の例**

```
現状維持では成長していない
今頑張れない奴は一生頑張れない
学力＝勉強時間＋勉強の質
学力＝勉強時間＋勉強の質
学力＝勉強時間＋勉強の質
```

　一応、うまく行ったみたいです。でも、同じ名言が連続して出力されてますね。ランダムに抽出した結果、たまたまこうなったんですね。でも目的は果たせたし、ま、これでいっか。

▦ 同じ名言が重複しないようにしながらランダムに出力する

　いやいやいや、これじゃまずいヨ。せっかくリストにした名言のうち使ってもらえないのがあるなんてもったいない。同じものが繰り返し出力されないように、出力済みの名言をチェックするようにしたらいいヨ。

　このためには、出力した名言をその都度、専用の変数に代入しておいて、次の繰り返しのときにそれと同じものが抽出されないようにする仕組みを作らなきゃならないネ。

　これにはwhileブロックが最適だから、こんな感じで作ってみてくれるかナ？

```
for count in range(5)
    ランダムにチョイスする
    while チョイスした名言が出力済みの名言と一致するか：
        一致すれば、一致しなくなるまでランダムにチョイス
    変数にチョイスした名言を代入
    チョイスした名言を出力
```

あ、それからリストの中にある値を調べるには、「in」という演算子を使って「調べたい値 in リスト」のように書くと、リストの中に「調べたい値」があるかがわかるヨ。

「while 値 in リスト:」と書けば、チョイスした名言が出力済みの名言と一致する限りブロックの処理（ランダムにチョイス）を繰り返すことができるから、ぜひ使ってみてネ。

in演算子

指定した値がリストにあるか調べます。値がリストの中にあればTrue、ない場合はFalseを返します。

おお、forブロックの構造まで書いてくれたので何となく流れはわかりましたが、「出力した名言を保持する変数」ってのがよくわかりません。これってふつうの変数でいいんですか、博士？

いや、リストにした方がいいネ。というのは普通の変数だと値は1つしか代入できないから、直前に出力した名言しか覚えられないよネ。というこ

とは前々回に出力された名言はわからないからチェックに漏れてしまうことになる。

リストを作っておいてその都度追加するようにすれば、いままで出力した名言が蓄積されるからチェックから漏れることがないってわけだね。

なるほど、変数だと値が書き換えられてしまうから直前の出力しかわかりませんよね。リストなら出力した名言をどんどん追加していけばいいので、出力済みのものがすべてわかりますね。では、こんな感じでどうでしょうか、博士。

◆リストの要素をランダムに抽出する（sayings_random_choice.py）

```
import random                        ──── randomモジュールをインポート

# 名言のリスト
sayings = ['今頑張れない奴は一生頑張れない',        ─── ❶
          '学力＝勉強時間＋勉強の質',
          '努力の前に成功がくるのは辞書の中だけである',
          '現状維持では成長していない',
          'あきらめなければ道は開ける']
# 出力した名言を保持するリスト
str = []                            ─── ❷
# 出力を5回繰り返す
for count in range(5):
    temp = random.choice(sayings)    ─── ❸
    # 出力済みの名言を重複して表示しないようにする
    while temp in str:               ─── ❹
```

```
        temp = random.choice(sayings)        ──────⑤
    #  選択された名言をリストstrに追加
    str.append(temp)                          ──────⑥
    #  出力
    print(temp)                               ──────⑦
```

◆ **実行結果の例**

あきらめなければ道は開ける

今頑張れない奴は一生頑張れない

現状維持では成長していない

努力の前に成功がくるのは辞書の中だけである

学力＝勉強時間＋勉強の質

　今回はコードが長くなるので名言の数を5つに減らしました。で、forの繰り返しの回数は名言の数と同じ5回としました。

まずはforループの1回目の処理から

　③において、①で作成した名言のリストsayingsから1つ抽出して、変数tempに代入します。これを⑦で出力するのですが、途中にwhileブロックがあります。これが今回の最大のキモとなる部分で、「一度出力した名言と同じものは出力しないようにする」ためのものです。ランダムに抽出するので、同じ名言が繰り返して抽出されることもあるのですが、このwhileブロックで同じものが抽出されるのを避けるのです。

　⑤では「while temp in str:」として、リストstrの中にtemp（ランダム抽出した名言が代入されています）が存在するかを調べます。

　リストstrは②で空のリストとして作成しているので、forの1回目の処理ではリストの中身は当然、空です。なので「while temp in str:」はFalseとなり、ブロックは実行されず⑥に進むのです。ポイントとなるのが、リストstrにappend()メソッドでtempの値を要素として追加するところかな？　この時点で「str = [抽出された名言]」の状態になります。

　一方、tempに代入された名言は⑦で出力され、forの1回目の処理が終了します。

forループ2回目の処理

　続くforの2回目の処理では、1回目と同じように③でランダムに抽出し、whileに進みます。さあて、このときリストstrには「str = ['あきらめなければ道は開ける']」のように、1回目の処理のときに出力した名言が要素として追加されています。

　ここでいよいよwhileによる重複回避のための処理が発動します！

◆名言の重複を回避するための処理

```
temp = random.choice(sayings)        —— 'あきらめなければ道は開ける'が抽出されたとします
while temp in str:                   —— str = ['あきらめなければ道は開ける']になっているとします
    temp = random.choice(sayings)    —— 重複するのでもう一度ランダムに抽出します
```

リストstrの中にtempに代入されている名言が存在すれば条件式はTrueになり、ブロックの処理としてrandom.choice()が実行されます。「もう一度ランダム抽出をやり直す」のです。これが終わるともう一度whileの条件式に戻り、再度同じ名言がstrに存在しないかチェックします。これを繰り返すことで、最終的にstrに存在しない名言が抽出されるようになるはずです（もしwhileの最初の処理で重複しない名言が抽出されたら繰り返しは1回で終了です）。

forループ3回目以降

2回目の処理が終わるとstrには出力した名言が追加されます。

これを繰り返すことで、ランダムに抽出しつつ、名言を重複させずに5回出力します。

◆リストstrが遷移する例

```
1回目  str = ['今頑張れない奴は一生頑張れない']        ——— 2回目はこの名言を除く
2回目  str = ['今頑張れない奴は一生頑張れない',        ——— 3回目はこれらの名言を除く
             '学力＝勉強時間＋勉強の質']
3回目  str = ['今頑張れない奴は一生頑張れない',        ——— 4回目はこれらの名言を除く
             '学力＝勉強時間＋勉強の質',
             '努力の前に成功がくるのは辞書の中だけである',
             '現状維持では成長していない']
4回目  str = ['今頑張れない奴は一生頑張れない',        ——— 5回目はこれらの名言を除く
             '学力＝勉強時間＋勉強の質',
             '努力の前に成功がくるのは辞書の中だけである',
             '現状維持では成長していない']
```

```
5回目  str = ['今頑張れない奴は一生頑張れない',        ——— この時点でforループ終了
             '学力＝勉強時間＋勉強の質',
             '努力の前に成功がくるのは辞書の中だけである',
             '現状維持では成長していない',
             'あきらめなければ道は開ける']
```

博士

重複チェックがうまくいったようでなによりだね。今回はまだ余裕があるから、次回取り上げる「辞書」というデータ構造と関係の深い**タプル**についてチェックしといてくれるかナ？

リストとよく似てるけど実は違うタプルについて確認しておこう

リストは要素の値を自由に書き換えることができる（ミュータブル）なデータ構造ですが、一度セットした要素を書き換えられない（イミュータブル（不変））なリストがあります。これを**タプル**と呼びます。

先のリストの中身を出力するプログラム（sayings_list.py））をタプルに書き換えたのが次のプログラムです。

◆ **名言のタプルから順番に出力する**（**sayings_tuple.py**）

```
sayings = ('今頑張れない奴は一生頑張れない',
           '学力＝勉強時間＋勉強の質',
           '努力の前に成功がくるのは辞書の中だけである',
           '現状維持では成長していない',
           'あきらめなければ道は開ける')

for saying in sayings:        ——— リストから要素を1つずつ取り出す
    print(saying)             ——— 画面に出力
```

◆ **実行結果**

```
今頑張れない奴は一生頑張れない
学力＝勉強時間＋勉強の質
努力の前に成功がくるのは辞書の中だけである
現状維持では成長していない
あきらめなければ道は開ける
```

実行結果はリストのときとまったく同じですが、sayingsは [ ] ではなく ( ) で囲まれているのでタプルなので中身の要素を書き換えることは不可です。要素の追加、削除もできません。これが何の役に立つのかといえば、以下の点で重宝するのです。

> ・同じ要素を扱うのであればリストよりパフォーマンスの点で有利（書き換えられることがないので最適化によってコードの解釈が速くなる）
> ・要素の値を変えたくない場合は誤って書き換えることがない
> ・辞書（次回で紹介）のキーとして使える
> ・関数やメソッドの引数は実はタプルとして渡されている

タプルの使い方

 タプルは、（ ）を使って作成できますが、（ ）を使わずに直接、値を書いても作成できます。個々の要素をカンマで区切って書くとタプルとして扱われるためです。なので、1つの要素だけの場合は（ ）を書くか、要素のあとにカンマを付ける必要があります。

◆ タプルを使う（インタラクティブシェル）

```
>>> warlord1 = ('織田信長', '豊臣秀吉')        ——— 最後の要素のカンマは省略できる
>>> warlord1
('織田信長', '豊臣秀吉')
>>> warlord1 = ('伊達政宗','武田信玄')         ——— 要素を代入するとタプルそのものが書き換わる
>>> warlord1
('伊達政宗', '武田信玄')
>>> warlord2 = '徳川家康',                      ——— 要素が1つのときはカンマを付ける
>>> warlord2
('徳川家康',)
```

タプルを使うと、一度に複数の変数に代入することができます。

◆ タプルの要素を変数に代入する

```
>>> warlord = ('織田信長', '豊臣秀吉', '徳川家康')
>>> a, b, c = warlord                          ——— 先頭の要素から順に変数a、b、cに代入する
>>> a
'織田信長'
>>> b
'豊臣秀吉'
>>> c
'徳川家康'
```

ビルトインのtuple()関数を使うと、リストからタプルを作ることができます。

◆ リストからタプルを作る

```
>>> war = ['織田信長', '豊臣秀吉', '徳川家康']   ——— リスト
>>> tp = tuple(war)                             ——— tuple()関数でタプルを作成
>>> tp
('織田信長', '豊臣秀吉', '徳川家康')
```

06 英単語は「辞書」で覚えよう

リストにタプル、いろいろやってきましたけど、いよいよ何かを作るんですネ、博士。
さしずめ「英単語を記憶するレイ」ってとこですね？　そろそろ何か作りましょうよ。

今回は「辞書」というデータ構造を使ってもらうかナ。これまでのリストやタプルのようにいくつものデータをまとめて管理できるんだけど、1つひとつのデータに「名前」を付けて管理できるのが大きく異なるんだネ。まずはワタシのマニュアルでチェックしてみてネ。

▦ 辞書（dict）型

リストやタプルは順序を保ったオブジェクトの並び（シーケンス）で、整数値のインデックスでアクセスします。これに対し、これから紹介する辞書型のオブジェクトは、名前（キー）と値のペアがごちゃっと集まった順序を持たない集合です。1つの辞書型のオブジェクトの中に名前付きの値がいくつも格納されているイメージです。

◆辞書のイメージ

```
辞書オブジェクト
    ↓
名前付きのデータ，　名前付きのデータ，　名前付きのデータ，　. . .
```

●辞書オブジェクトの作成

◆辞書オブジェクトを作成する書式

書式	変数名 ＝ { キー : 値 , キー : 値 , …}

辞書オブジェクトを作るには、全体を「{」と「}」で囲み、その中にキー（名前）と値を「:」で区切って書き、カンマで区切って次のキーと値を書いていきます。要素の数が多い場合は複数行に渡って書くこともできます。

辞書のキーにはイミュータブル（書き換え不可）な型（文字列、数値、タプルなど）を使います。つまり、「文字列や数値ならなんでも使えるが一度設定したキーは書き換えられない」ということです。

一方、値はミュータブル（書き換え可）なので、一度設定した値を何度でも書き換えることができます。

　キーだけを変更することはできないので、キーを変更する場合は「キー：値」のペアを削除してから新しい「キー：値」を追加することになります。

◆**辞書を作成する（インタラクティブシェルで実行）**

```
>>> old_writings = { '枕草子' : '清少納言', '源氏物語' : '紫式部' }
>>> old_writings
{'枕草子': '清少納言', '源氏物語': '紫式部'}  ——— old_writingsの中身
```

　次のように先に空の辞書を作っておいてから要素を追加することもできます。

◆**空の辞書を作ってから要素を追加する（インタラクティブシェルで実行）**

```
>>> old_writings = {}                  ——— 空の辞書を作る
>>> old_writings
{}                                      ——— old_writingsの中身
>>> old_writings = { '枕草子' : '清少納言', '源氏物語' : '紫式部' }
>>> old_writings
{'枕草子': '清少納言', '源氏物語': '紫式部'}  ——— old_writingsの中身
```

　ビルトイン関数のdict()を使うと、2つの要素を持つリストやタプルを辞書に変換できます。この場合、先頭の要素がキー、2番目の要素が値になるので、これをさらにリストまたはタプルとしてまとめたものが対象になります。

◆**2要素のリストのリストを辞書に変換する**

```
>>> list_list = [ ['枕草子', '清少納言'], ['源氏物語', '紫式部'] ]
>>> old_writings = dict(list_list)
>>> old_writings
{'枕草子': '清少納言', '源氏物語': '紫式部'}
```

◆**2要素のタプルのリストを辞書に変換する**

```
>>> list_tuple = [ ('枕草子', '清少納言'), ('源氏物語', '紫式部') ]
>>> old_writings = dict(list_list)
>>> old_writings
{'枕草子': '清少納言', '源氏物語': '紫式部'}
```

キーを指定して要素を追加、または値を変更する

辞書に格納されているオブジェクトを取り出すには、リストと同じようにブランケット [ ] の中にキーを書いてアクセスします。

◆「キー:値」の追加

```
>>> old_writings = { '枕草子' : '清少納言', '源氏物語' : '紫式部' }
>>> old_writings['方丈記'] = '鴨長明'
>>> old_writings
{>>> old_writings = { '枕草子' : '清少納言', '源氏物語' : '紫式部' }
>>> old_writings['方丈記'] = '鴨長明'        ——— 辞書に「キー:値」を追加する
>>> old_writings
{'方丈記': '鴨長明', '枕草子': '清少納言', '源氏物語': '紫式部'}
```

辞書の中身が初期化したときの順番と異なっていることに注意してください。リストのようなシーケンスと違って辞書には「順序」という概念がなく、どのキーとどの値のペアかという情報のみが保持されています。

次のように、すでに存在するキーを指定すれば、その値を書き換えることができます。

◆キーを指定して値を変更

```
>>> old_writings = { '枕草子' : '清少納言', '源氏物語' : '紫式部' }
>>> old_writings['枕草子'] = '平安時代'        ——— 値を変更する
>>> old_writings
{'方丈記': '鴨長明', '枕草子': '平安時代', '源氏物語': '紫式部'}
                              └── 値が書き換わっている
```

辞書のキーってのは実はタプルとして管理されているのですね。だから一度セットした値は書き換え不可なのです。

⠿ in を使ってキーの有無を調べる

　　　辞書に特定のキーが存在するか
を調べるには「in演算子」を使い
ます。存在すれば式の結果が
True、存在しなければFalseになります。

◆ キーの有無を調べる

書式　　キー in 辞書オブジェクト

◆ キーの有無を調べる

```
>>> old_writings = { '枕草子' : '清少納言', '源氏物語' : '紫式部' }
>>> '枕草子' in old_writings
True
>>> '方丈記' in old_writings
False
```

⠿ 辞書へのイテレーションアクセス

　　　辞書の要素は、「辞書[キー]」と
書いてキーを指定すれば、その値
を取り出せます。

◆ [キー]で値を取り出す

```
>>> old_writings = { '枕草子' : '清少納言', '源氏物語' : '紫式部' }
>>> old_writings['枕草子']        ──── キーを指定する
'清少納言'                        ──── キーの値が取り出される
```

　すべてのキーを取り出すには、for ステート
メントを使って辞書をイテレート（反復処理）
します。

◆キーをイテレートして列挙する（old_writings_key.py）

```
old_writings = { '枕草子' : '清少納言',
                 '源氏物語' : '紫式部',
                 '方丈記' : '鴨長明' }
for key in old_writings:
    print(key)
```

◆実行結果

```
源氏物語
方丈記
枕草子
```

辞書からすべての値を取り出すには、values()メソッドを使います。

●values()メソッド

辞書のすべての値のリストをdict_valuesというオブジェクトに格納して返してきます。

◆values()メソッドの書式

書式	辞書オブジェクト.values()

◆辞書からすべての値を取り出す（インタラクティブシェルで実行）

```
>>> old_writings = { '枕草子' : '清少納言', '源氏物語' : '紫式部' }
>>> old_writings.values()
dict_values(['紫式部', '清少納言'])        ――― 値のリストを格納したdict_valuesオブジェクト
```

values()の戻り値はイテレート可能なオブジェクトなので、forで値をイテレートできます。

◆辞書のすべての値を画面に出力する（old_writings_value.py）

```
old_writings = { '枕草子' : '清少納言',
                 '源氏物語' : '紫式部',
                 '方丈記' : '鴨長明' }
for value in old_writings.values():
    print(value)
```

◆ 実行結果

```
紫式部
鴨長明
清少納言
```

　さらにitems()メソッドを使うと、キーと値
をまとめて取り出せます。

●**items()メソッド**

　辞書のすべての「キー:値」のペアが、それぞ
れ格納されたタプルのリストをdict_valuesオ
ブジェクトに格納して返します。

◆ **items()メソッドの書式**

書式	辞書オブジェクト.items()

```
>>> old_writings.items()
dict_items([('源氏物語', '紫式部'), ('方丈記', '鴨長明'), ('枕草子', '清少納言')])
```

> キーが第1要素、値が第2要素のタプルがリストの中に収められている

　items()の戻り値もforでイテレートできま
す。この場合、「キー:値」のペアをタプルにし
たものが取り出されます。

◆ **辞書のすべての「キー:値」のペアを画面に出力する（old_writings_key_value.py）**

```
old_writings = { '枕草子' : '清少納言',
                 '源氏物語' : '紫式部',
                 '方丈記' : '鴨長明' }
for key_val in old_writings.items():
    print(key_val)
    print(type(key_val))
```

◆ 実行結果

```
('方丈記', '鴨長明')
('枕草子', '清少納言')
('源氏物語', '紫式部')
```

辞書に辞書を追加する（update()メソッド）

　update()メソッドで、辞書の
キーと値を別の辞書にコピーする
ことができます。なお、追加され

る方の辞書に追加する辞書と同じキーがある
場合は、追加した辞書の値で上書きされます。

◆辞書に辞書を追加（インタラクティブシェルで実行）

```
>>> old_writings = {
        '土佐日記' : '紀貫之',
        '枕草子' : '清少納言',
        '源氏物語' : '紫式部'
        }
>>> kamakura = {
        '方丈記' : '鴨長明',
        '徒然草' : '吉田兼好'
        '十六夜日記' : '阿仏尼'
        }
>>> old_writings.update(kamakura)        ——— old_writingsにkamakuraの要素を追加
>>> old_writings
{'方丈記' : '鴨長明', '源氏物語' : '紫式部', '十六夜日記' : '阿仏尼',
 '枕草子' : '清少納言', '土佐日記' : '紀貫之', '徒然草' : '吉田兼好'}
```

辞書のコピー／要素の削除

　copy()メソッドで、辞書の要素
をまとめてコピーできます。参照
ではなく要素の値そのものをコ

ピーした辞書オブジェクトを戻り値として返
されます。

◆辞書のコピー（インタラクティブシェルで実行（先例の続き））

```
>>> new = kamakura.copy()
>>> new
{'方丈記' : '鴨長明', '十六夜日記' : '阿仏尼', '徒然草' : '吉田兼好'}
```

　del演算子で「辞書[キー]」を指定すると、対
象の「キー:値」のペアが削除されます。

英語は連想式で記憶する（リスト、辞書）

◆ キーを指定して要素を削除する

```
>>> del kamakura['方丈記']
>>> kamakura
{'十六夜日記': '阿仏尼', '徒然草': '吉田兼好'}        ——— 「'方丈記': '鴨長明'」が削除される
```

clear() メソッドで辞書からすべてのキーと
値を削除できます。

◆ 辞書のすべての要素を削除

```
>>> kamakura.clear()
>>> kamakura
{}          ——— 中身は空
```

▦ 英単語は「辞書」で覚える

辞書についてはだいたいわかっ
てもらえたと思うから、さっそく
レイに英単語を登録した辞書を持
たせてみようかネ。
　20個くらいの単語とその意味を適当に登
録しておいて、質問された単語の意味を答え
るようにしてくれるかナ？

単語の数は20個でいいんです
ね（紙面の都合もありますね）。
じゃ、センター試験によく出ると
いわれている単語の中から適当に選んじゃい
ますね。あとは、質問する英単語を入力しても
らって、その単語が辞書にあれば意味を答える
部分を作ればいいですね。
　それから今回は、答えられなかった英単語と
その意味を覚えるという特別仕様にしちゃい
ますか。

◆ 質問された英単語の意味を答える（ray_answer_ meaning.py）

```
import time

words = {
    'crucial'      : '極めて重要な',
    'subsequent'   : 'その後の',
    'devise'       : '考案する',
    'strain'       : '負担、重圧',
    'distinct'     : '明確な、独特な',
    'incorporate'  : '取り入れる',
```

```python
    'eliminate'    : 'なくす、排除する',
    'privilege'    : '特権、特典',
    'retain'       : '記憶する、維持する',
    'seize'        : 'つかむ、つかみ取る',
    'perceive'     : '知覚する',
    'variation'    : '変化、変動',
    'persuade'     : '説得する、促す',
    'prominent'    : '著名な、顕著な',
    'integrate'    : '一体化する、組み入れる',
    'anticipate'   : '予想する、予期する',
    'disturb'      : '邪魔する、不安にさせる',
    'respectively' : 'それぞれ、おのおの',
    'perspective'  : '展望、観点',
    'magnificent'  : '壮麗な、壮大な'
    }
print('単語の意味を答えるね')
while True:                              ——— 入力→解答の流れをループさせる
    word =input('>>>')                  ——— 質問する英単語を入力してもらう
    if word == 'OK':                    ——— 「OK」と入力されたら終了
        print('バイバ～イ')
        break
    elif word in words:                 ——— ❶入力された単語が辞書に存在するか
        print('「' + words[word] + '」って意味だよ')  ——— 意味を答える
    else:
        print('わかんないよ～')          ——— 存在しない場合はメッセージを表示
        meaning =input('意味を教えて>')   ——— 意味を入力してもらう
        while not meaning:              ——— 未入力なら入力してもらうまでループ
            meaning =input('意味を教えて >')
        words[word] = meaning            ——— 単語とその意味を辞書オブジェクトに追加
        print('記憶中......')
        time.sleep(3)                    ——— 3秒経ってから次の質問を受け付ける
```

　質問を入力して回答するまでの処理は、これまでどおりwhileでループさせます。「OK」が入力された時点でループを抜けてプログラムを終了するのも同じです。

　elif以下elseまでが質問に対応する部分です。❶のelifでは「word in words」を条件にして、入力された英単語（word）が辞書wordsにあるか（wordに代入された単語が辞書wordsのキーとして存在するか）を調べます。存在すれば「words[word]」でキーを指定して値（単語の意味）を取り出し、これを解答として出力します。

で、ここからが今回の「特別仕様」の部分なのですが、単語が辞書に存在しない場合はelifのブロックが実行されます。辞書に存在しない

ので「わかんないよ～」と表示するのは当然ですが、ポイントはそこから先。

```
meaning =input('意味を教えて>')
```

で、単語の意味を入力してもらいます。

もし、未入力なら、次のwhileブロックで入

力されるまで繰り返します。で、極めつけはコレ。

```
words[word] = meaning ──────── 入力された単語と意味を辞書に追加する
```

わからなかった単語が代入されているwordをキーにして、入力してもらった単語の意味meaningを辞書に追加します。

ここで、「未知の単語を記憶する」のです。最

後に「time.sleep(3)」があるのは、ちょっとしたギミックです。3秒間停止することで「記憶している感」を演出しています。何だかワクワクしますね、さっそく試してみましょう。

◆ 実行中のプログラム

```
単語の意味を答えるね
>>>anticipate
「予想する、予期する」って意味だよ
>>>crucial
「極めて重要な」って意味だよ
>>>prominent
「著名な、顕著な」って意味だよ
>>>retain
「記憶する、維持する」って意味だよ
```

ここまではいいですね。辞書に登録されている単語の意味を順調に答えています。さて、未

知の単語を入力してみましょう。

◆ 実行中のプログラム

```
>>>abandon           ──────── 辞書にない単語を入力する
わかんないよ～
意味を教えて>
意味を教えて>           ──────── 未入力にすると繰り返し表示される
意味を教えて>置き去りにする ──────── 意味を教えてあげる
記憶中......
```

どうやら記憶してくれてるみたいです。

しばらくすると次のプロンプトが表示され

るので、先ほど「わかんないよ〜」と言ってた単語を入力してみましょう。

◆ 実行中のプログラム

```
>>>abandon
「置き去りにする」って意味だよ    ──── 答えました！
>>>OK
バイバ〜イ
```

やりました。ちゃんと答えていますね。どうですか、博士。

では、もう一度プログラムを起動して、さっきのabandonを入力してみますね。

なかなか工夫したみたいだネ。では、もう一度プログラムを起動してさっきの単語を入力してみてくれるかナ？

◆ もう一度プログラムを起動する

```
単語の意味を答えるね
>>>abandon
わかんないよ〜
意味を教えて >    ──── ありゃりゃ覚えてないよ！
```

最初にプログラムを起動したときは、確かに単語とその意味が辞書に登録されたんだけど、登録されたのは「辞書のオブジェクト」。なので、プログラムを終了すると消えちゃうわけだナ。

そもそも辞書を作成するコードはそのままだから、ここを書き換えない限り、また同じ辞書オブジェクトが作られるんだね。

でもプログラムの実行中はちゃんと「記憶」してるから、これはこれでいいと思うヨ。

もし、プログラムが終了しても登録した内容が消えないようにするには、外部のファイルに書き出して保存することが必要になるから、これについては次回の課題ってことでいいかナ？

162

07 ファイルから「単語帳」を読み込む

前回はレイに、わからない単語はその場で学習するようにもしてみたのですが、プログラムを終了すると忘れてしまうという致命的な欠点がありました。

せっかく英単語を学習する機能を作ったので、プログラムを終了しても学習した内容が消えずに残るようにしようかネ。それには、学習内容をハードディスクに保存すればいいから、ファイルとして保存できればバッチリだヨ。

そうですか、Pythonでファイルの読み書きってわけですね。さっそく博士のマニュアルを見てみましょうか。

ファイルをオープンする

辞書オブジェクトのデータを外部ファイルとして持たせ、プログラムの実行時に読み込んで使うことを考えてみることにします。これがテキストファイルなら手軽に編集できますし、辞書ファイルを取り替えることでいろんな知識を組み込んであげることも簡単です。

これを実現するには、ファイルを開いて中身を読み込む必要があります。これにはビルトインのopen()関数を使います。

この関数は該当のファイルを開いて、ファイルの中身をFileというファイル専用のオブジェクトに読み込んで、これを戻り値として返します。

◆ファイルをオープンする

書式

```
オブジェクトを代入する変数 = open(
        'ファイル名',                      ——— 第1引数
        'モード',                          ——— 第2引数
        encoding = 'エンコード方式'         ——— 第3引数
        )
```

第1引数でファイル名を指定

open()関数の第1引数はファイル名を拡張子と共に指定します。「text」という名前のテキストファイルなら「text.txt」のように指定します。

もし、ソースファイル（モジュール）が保存されている場所に「data」というフォルダーがあって、その中に「text.txt」が保存されているのなら、「data/text.txt」のように「フォルダー名/ファイル名」としてパスを指定します。

第2引数で「読み取り専用」「読み書き可」などを指定

第2引数は、ファイルをどのような方法で開くのかを指定します。読み込み専用で開くのか、読み書きの両方を可能にするのか、といったことを指定します。

この中でよく使用するのは、'r'、'w'、'a'の3つです。ファイルを読み込むだけなら'r'を指定します。

Fileオブジェクトのモードを指定する

文字	意味
'r'	読み込み用に開きます（デフォルト）。
'w'	書き込み用に開いてファイルの中身を切り詰めます。指定した名前のファイルが存在しない場合は、新しいファイルが生成されます。
'x'	排他的にファイルを生成（指定した名前のファイルを新規に作成）して開きます。指定した名前のファイルが存在する場合は生成に失敗します。
'a'	書き込み用に開きますが、ファイルが存在する場合は末尾に追加できる状態にします。
'b'	バイナリモードで開きます。
't'	テキストモード（デフォルト）

第3引数でエンコード方式を指定

第3引数の「encoding」は、文字コードのエンコード方式を指定するための名前付きの引数です。文字をどんな方法で表示するのかを定めたのが**エンコード方式**です。

Pythonでは標準的に「utf-8」という方式を使いますので、通常は「encoding = 'utf_8'」のように記述します。

なお、この引数を指定しない場合は、OS標準のエンコード方式（Windowsの場合はshift-jis）が使われます。

:::Fileオブジェクトの中身を読み込む

実際のファイルはハードディスク上に存在するものですが、Fileオブジェクトはファイルの中身をメモリに読み込んで、これを「プログラム側で使える状態にしたもの」です。なので、Fileオブジェクトからデータを読み込むには、Fileオブジェクトに用意されているメソッドを使います。

読み込みが終わったら、close()メソッドでFileオブジェクトを閉じます。「閉じる」というのは「オブジェクトを破棄する」ということで

す。ファイルの内容によってはFileオブジェクト自体が巨大になり、そのぶんメモリを消費します。このため、利用が終わったらclose()メソッドを実行してオブジェクトが使用しているメモリを解放(未使用の状態にすること)するというわけです。

●read()メソッド

Fileオブジェクトに対してread()メソッドを実行すると、ファイルの中身を文字列として読み込みます。

◆ファイルを開いてFileオブジェクトに読み込む

```
Fileオブジェクトの変数 = open( 'ファイル名', 'r', encoding = 'utf_8')── ファイルを開く
データの変数 = Fileオブジェクトの変数.read()      ── 文字列として読み込んで変数に代入
Fileオブジェクトの変数.close()             ── Fileオブジェクトをクローズ
```

英単語が記録されたファイルの中身を表示する

 英単語とその意味を「English_words.txt」に保存しておいたから、このファイルの中身を表示するプログラムを作ってみてくれるかネ。

そうそう、このファイルは保存するときにエンコードを「utf_8」にしてあるから。テキストエディターなんかだと、ファイルの保存時に選択できるので、忘れずにしておかなくてはネ。

英語は連想式で記憶する（リスト、辞書）

◆「English_words.txt」の中身

```
 1 crucial 極めて重要な↓
 2 subsequent  その後の↓
 3 devise  考案する↓
 4 strain  負担、重圧↓
 5 distinct    明確な、独特な↓
 6 incorporate 取り入れる↓
 7 eliminate   なくす、排除する↓
 8 privilege   特権、特典↓
 9 retain  記憶する、維持する↓
10 seize   つかむ、つかみ取る↓
11 perceive    知覚する↓
12 variation   変化、変動↓
13 persuade    説得する、促す↓
14 prominent   著名な、顕著な↓
15 integrate   一体化する、組み入れる↓
16 anticipate  予想する、予期する↓
17 disturb 邪魔する、不安にさせる↓
18 respectively    それぞれ、おのおの↓
19 perspective 展望、観点↓
20 magnificent 壮麗な、壮大な↓
21 [EOF]
```

各単語とその意味はタブで区切ってある

◆ 保存時はエンコードを「UTF-8」に指定

「UTF-8」を選択してから保存

 このファイルを読み込んで、中身をそのまま表示すればいいですね。

さっそく、やってみましょうか。

◆「English_words.txt」の中身を画面に出力する（english_words1.py）

```
file = open(
    'data/English_words.txt',     ───── dataフォルダーのEnglish_words.txtを開く
    'r',                          ───── 読み取りモード
    encoding = 'utf_8'            ───── エンコーディング方式を指定
)
data = file.read()               ───── ファイル終端までのすべてのデータを取得
file.close()                     ───── ファイルオブジェクトをクローズ
print(data)                      ───── 読み込んだデータを出力する
```

◆ 実行結果

```
crucial          極めて重要な
subsequent       その後の
devise           考案する
strain           負担、重圧
distinct         明確な、独特な
incorporate      取り入れる
eliminate        なくす、排除する
privilege        特権、特典
retain           記憶する、維持する
seize            つかむ、つかみ取る
perceive         知覚する
variation        変化、変動
persuade         説得する、促す
prominent        著名な、顕著な
integrate        一体化する、組み入れる
anticipate       予想する、予期する
disturb          邪魔する、不安にさせる
respectively     それぞれ、おのおの
perspective      展望、観点
magnificent      壮麗な、壮大な
```

ファイルから読み込んだ１行のデータを辞書にする

うまく行ったネ。では、このプログラムを参考にして「質問➡解答」のパターンで繰り返せるようにしてもらおうかネ。このためには、ファイルから読み込むだけじゃなく、読み込んだデータを辞書オブジェクトにしなくてはならない。単語を指定してその意味を答えるためには、「キー:値」の辞書が最適だからネ。

英単語とその意味はタブで区切っているから、まずは１行ずつ読み込んだ状態でタブのところで単語と意味を切り分ける。そのあとで辞書のキーとして単語を、その値として意味の部分を登録すれば「単語:意味」の要素が出来上がるので、これを最後の行まで繰り返すことで辞書オブジェクトを作り上げるのネ。

そうすれば、質問された単語のキーを探せば意味の部分がわかるから答えるのは簡単だヨ。

えっと、ファイルからまとめて読み込むんじゃなくてファイルのデータを１行ずつ読み込んで、１行ごとのデータをタブのところで切り分けてこれを辞書の「キー:値」にするわけですね。

でも、read()メソッドだと全部まとめて読み込んじゃうから無理ですよ、博士？

readlines()メソッドを使うとファイルから１行ずつ読み込むことができるヨ。

●readlines()メソッド

Fileオブジェクトから１行ずつ読み込み、これをリストにして返します。

◆readlines()メソッドの書式

書式	Fileオブジェクト.readlines()

まずは、ファイルから１行ずつ読み込んで、これをリストにするんですね。

◆ファイルのデータを１行ずつ読み込む

```
file = open('data/English_words.txt', 'r', encoding = 'utf_8')
lines = file.readlines()          ——— ファイルデータを1行ずつ読み込んでリストにする
```

あ、今回は「with文」というものを使ってみよう。これを使うとファイルをオープンしたあとに

close()で閉じる必要がないからファイル処理をスマートに書けるよ。

◆**with文**

書式	with open(ファイル名, モード, エンコード) as Fileオブジェクトの変数: ファイルの操作

では、with文に直しますか。

◆**with文でファイルをオープンする（ray_answer_meaning.py）**

```
with open('data/English_words.txt', 'r', encoding = 'utf_8'
          ) as file:
    lines = file.readlines()  ——— ファイルデータを1行ずつ読み込んでリストにする
```

どんなふうに読み込まれるのか、試しにwithブロックのあとに「print(lines)」と書いて、linesの中身を出力してみます。

◆**1行ずつ読み込んだリストlinesの中身（print(lines)で出力してみる）**

```
['anticipate¥t予想する、予期する¥n',
 'crucial¥t極めて重要な¥n',
 'devise¥t考案する¥n',
 'distinct¥t明確な、独特な¥n',
 ...... ]
```

readlines()メソッドは、こんな感じで1行ぶんのデータをリストにして返してくれるんですね。¥tとあるのがタブの部分か、ふむふむ。あとはforで1つずつ取り出して、split()メソッドでタブのところで切り分ければいいですかね。

その前に1行データの最後にある改行文字の「¥n」を削除してしまおう。別にあってもかまわないんだけど、関係のない文字はない方がスッキリするしネ。

それと、ファイルの中に空行があると空の文字列がリストの中に紛れ込むから、これも取り除くようにしよう。これらの処理は、次の手順で進めるようにしてみてネ。

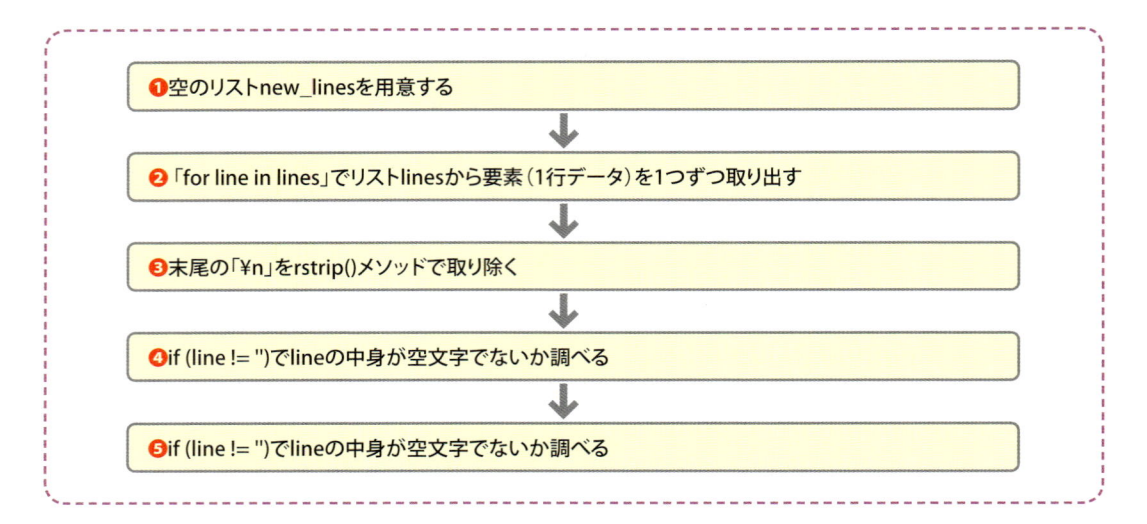

●rstrip()メソッド

　引数にした文字を、文字列の中から取り除き
ます。

◆ rstrip()メソッドの書式

| 書式 | 文字列.rstrip(文字列から削除する文字) |

　　　　　いろいろやることがあります
ね。では、博士が示してくれた❶
　〜❺の順番どおりにコードを書い
ていきますか。

◆ with文でファイルをオープンしたあとの続き（ray_answer_meaning.py）

```
new_lines = []                    ── ❶空のリストnew_linesを用意する
for line in lines:                ── ❷リストlinesから1行ぶんのデータを1つずつ取り出す
    line = line.rstrip('¥n')      ── ❸末尾の「¥n」を取り除く
    if (line!=''):                ── ❹lineの中身が空文字でないか調べる
        new_lines.append(line)    ── ❺空文字でなければリストnew_linesにlineを要素として追加する
```

　これでやっとタブのところで分割できるよ
うになりました。でも、分割すれば辞書の要素
にできるもんなんですか、博士？

　　　　　これまでの処理でリストnew_
linesには「'strain¥t負担、重圧'」
のような1行データのリストに
なっているから、次の手順で処理していくとい
いヨ。

❶ forループでnew_linesから1つずつ取り出してsplit()メソッドで分割する。

split()メソッドは分割後の文字列をリストにして返すからネ。

● split()メソッド

指定した文字で文字列を2つに分割し、これをリストに収めて返します。切り分けるときに指定した文字は、結果には含まれません。

◆ split()メソッドの書式

> **書式** 　文字列.split(切り分ける目印になる文字)

例えば、forで取り出した文字列が'crucial¥t 極めて重要な'であれば、タブを表すエスケープ文字が「¥t」だから、split('¥t')を実行すれば、次のような2要素のリストになる。

```
['crucial', '極めて重要な'] ─────── 1行データをタブのところで分割したあとのデータ
```

❷ 分割したあとの2要素のリストを新しいリストに追加する。

❶で作ったリストを新しいリストに追加して次のようにします。

```
[
    ['crucial', '極めて重要な'],      ─────── 1行データをタブのところで分割したあとのデータ
    ['anticipate', '予想する、予期する'],
    ['devise', '考案する'],
    ['distinct', '明確な、独特な'],
    ......
]
```

❸ dict()関数で辞書オブジェクトを作る。

辞書にはdict()という便利な関数があったのを覚えてるかナ？　この関数は、2要素のリストのリストを引数にすると1つ目の要素をキー、2つ目の要素を値にした辞書を作ってくれるので、先のリストのリストを一発で辞書に変換できるゾ。

```
dict([['crucial', '極めて重要な'],['anticipate', '予想する、予期する']])
    ↓「キー:値」のペアで辞書を作る
{'anticipate': '予想する、予期する', 'crucial': '極めて重要な'}
```

何か簡単そうでメンドクサそう　　　　に作ってみますか。
でもありますね。
では博士が言ってた手順どおり

◆with文、1行データのリスト作成の続き（ray_answer_meaning.py）

```
separate = []                    ─── 分割したあとの2要素のリストを保持するためのリスト
for line in new_lines:
    sp = line.split('¥t')        ─── ❶ new_linesから1つずつ取り出してタブのところでで分割する
    separate.append(sp)          ─── ❷ 分割したあとの2要素のリストを新しいリストに追加する
words = dict(separate)           ─── ❸ dict()関数で辞書オブジェクトを作る
```

print(words)でwordsの中身を見てみると、次のようにちゃんと辞書になってました。

◆処理後の辞書wordsの中身

```
{
  'perceive': '知覚する',
  'subsequent': 'その後の',
  'variation': '変化、変動',
  'persuade': '説得する、促す',
  ......省略......
}
```

◆これまでに作成したソースコード（ray_answer_meaning.py）

```
# ファイルのオープン
with open('data/English_words.txt', 'r', encoding = 'utf_8'
          ) as file:
    lines = file.readlines()        # ファイル終端までのすべてのデータを取得
# 空のリストnew_linesを用意する
new_lines = []
# リストlinesから1行データを取り出す
for line in lines:
    line = line.rstrip('¥n')        # 末尾の「¥n」を取り除く
                                    # lineの中身が空文字でないか調べる
    if (line!=''):
        new_lines.append(line)      # リストnew_linesにlineを要素として追加
separate = []
# new_linesから1行データを取り出す
for line in new_lines:
    sp = line.split('¥t')           # 1行データをタブのところで分割
    separate.append(sp)             # 分割したあとの2要素のリストをリスseparateトに追加
words = dict(separate)              # dict()関数で辞書オブジェクトを作る
```

08 「グローバル」な変数

前回は、ファイルから読み込んだデータ（英単語とその意味）を辞書オブジェクトにすることろまでを作成しました。今回はその続きです。

ファイルから読み込んだ単語とその意味を辞書オブジェクトにできるようになったから、あとは例のwhileループで「質問➡解答」の流れを作っていくわけだけだね。

でもファイルを読み込んで辞書オブジェクトを作るまでの処理は、一つの処理として完結しているから関数としてまとめておいた方がいいネ。そのままwhileのブロックに入れるよりも、関数として定義しておいて、ブロック内では呼び出しだけを行うようにすれば、コードも読みやすくなるし、あとで修正したくなったときに修正するのもラクだからネ。

辞書オブジェクトにする処理を関数として定義する

そうですか、前回作った処理を関数としてまとめればいいんですね。確かにその方がスッキリする

し、必要に応じて何度でも呼び出せるので便利かもしれませんね。

◆ ファイルを読み込んで辞書オブジェクトにする関数（ray_answer_meaning.py）

```
def read():
                                    # ファイルのオープン
    with open('data/English_words.txt', 'r', encoding = 'utf_8'
            ) as file:
        lines = file.readlines()     # ファイル終端までのすべてのデータを取得

                                     # 空のリストnew_linesを用意する
    new_lines = []
                                     # リストlinesから1行データを取り出す
    for line in lines:
        line = line.rstrip('¥n')     # 末尾の「¥n」を取り除く
                                     # lineの中身が空文字でないか調べる
        if (line!=''):
            new_lines.append(line)   # リストnew_linesにlineを要素として追加
    separate = []
```

```
                                    # new_linesから1行データを取り出す
    for line in new_lines:
        sp = line.split('¥t')       # 1行データをタブのところで分割
        separate.append(sp)         # 分割したあとの2要素のリストをリストseparateに追加
    words = dict(separate)          # dict()関数で辞書オブジェクトを作る
```

簡単ですね。関数名はread()にしました。いつでも呼び出してファイルの中身を辞書オブジェクトにできますね。

（博士）

関数内の処理で、英単語とその意味はwordsという辞書オブジェクトに収められるわけだけど、このwordsは関数内でのみ有効な**ローカル変数**だよね。

変数には**アクセス範囲**（または**スコープ**）というのがあって、関数内部で作った（定義した）変数はローカル変数と呼ばれ、アクセスできる範囲は「関数の内部」だけに限られるんだね。

だから、read()関数を呼び出してwordsという辞書オブジェクトを作っても、関数の外部からはwordsを使うことができない（アクセスできない）ことになってしまうんだネ。

◆**ローカル変数には外部からアクセスできない**

```
def read():
    ...ファイルオープンなどの処理...
    words = dict(separate) ←──────────────  ×アクセスできない

        ↑
       呼び出す

read() ──────────────────────────────────
    ここでwordsにアクセスしようとしてもできない
```

そこで、このような場合はwordsを**グローバル変数**にするといい。グローバル変数というのは、関数の外側、つまり、モジュールの直下に書かれた変数のことで、モジュール内のすべての関数からアクセスできるのネ。

関数の外側といっても、関数定義のあとに書くと「そんな変数はありません…」ってことになるから、read()関数を定義する前の部分に書くように。

え？　書くっていうのは変数名を書くっていう意味なんだけど、wordsは辞書オブジェクトを代入するためのものだから{}を代入して空の辞書として書いておいてネ。

英語は連想式で記憶する（リスト、辞書）

◆グローバル変数を用意する

```
words = {}              ─────── 辞書オブジェクトを代入するためのグローバル変数

def read():
                        ─────── 同じモジュール内であればwordsにアクセスできる

while True:
                        ─────── 同じモジュール内であればwordsにアクセスできる
```

▒ グローバル変数についての補足（博士の「マニュアル」より）

モジュール直下に書かれたものがグローバル変数で、関数内部に書かれたものがローカル変数なのですが、実際にどのような違いがあるのでしょうか。まずは、グローバル変数を1つ用意して、これを関数内部とモジュール直下で参照した場合を見てみましょう。

◆グローバル変数を参照する（scope_test1.py）

```
value = 100                       ─────── グローバル変数
def scope_test():
    print('関数内部で参照:', value)   ─────── 関数内部でvalueの値を出力

scope_test()                      ─────── 関数を呼び出す
print('モジュール直下で参照:', value)  ─────── モジュール直下でvalueの値を出力
```

◆実行結果

```
関数内部で参照: 100
モジュール直下で参照: 100
```

どこから参照しても結果は「100」です。モジュール直下はもちろん、関数内部からもちゃんとアクセスできます。

ところが次のように、関数内部でグローバル変数に値を加算しようとするとエラーになります。

◆ **関数内部でグローバル変数を操作しようとするとエラーになる**

```
value = 100
def scope_test():
    print('関数内部で参照:', value)
    value += 500            ─── × グローバル変数に加算することはできない
scope_test()
print('モジュール直下で参照:', value)
```

　何が原因なのかを調べるために、グローバル変数とローカル変数が同じ名前である場合にどうなるのか試してみましょう。

◆ **同じ名前のグローバル変数とローカル変数がある場合（scope.py）**

```
value = 100                              ─── ❶グローバル変数
def scope_test():
    value = 500                          ─── ❷ローカル変数
    print('ローカルスコープ:', :', value)

scope_test()                             ─── ❸関数を呼び出してvalueの値を表示
print('モジュールスコープ:', :', value)    ─── ❹グローバル変数の値を表示
value += 200                             ─── ❺グローバル変数の値に100を加算
print('モジュールスコープ:', :', value)    ─── もう一度グローバル変数を表示
```

◆ **実行結果**

```
'ローカルスコープ:', : 500
モジュールスコープ: 100
モジュールスコープ: 300
```

　❶はグローバル変数のvalueです。これに対し、❷のvalueはローカル変数です。関数内部で「value = 500」と書いたので「500という値にvalueという名前（ローカル変数名）が付けられた」ということになります。

　❸でscope_test()を呼び出すと、当然ですがローカル変数の値「500」が出力されます。一方、❹でvalueの値を出力すると、グローバル変数が参照されて「100」が出力されます。続く❺で「200」を加算していますが、もちろん、グローバル変数の「100」に加算されるので、グローバル変数valueの値は「300」になります。

　このように、同じ変数名であっても、モジュール直下（関数の外部）で書かれた変数と関数内部で書かれた変数はまったく別の変数（グローバルとローカル）として扱われます。

英語は連想式で記憶する（リスト、辞書）

この結果からわかるのは、「関数内部で値を代入した変数はローカル変数になる」ということです。なので、値を代入してもエラーにならなかったのですね。

一方、次のように書いた場合はエラーになりました。これはprint()関数で先にグローバル変数を参照しているので、valueはグローバル変数として扱われるためです。

あとから代入や加算を行ったところで、ローカル変数valueは用意されないということなのですね。

```
value = 100
def scope_test():
    print('関数内部で参照:', value)  ──── ここでグローバル変数を参照している
    value += 500                      ──── × グローバル変数に加算することはできない
                                      × 新たにローカル変数が用意されることもない
```

関数内部からグローバル変数を読み／書き可能にする「global」

結局のところ、「関数内部からはグローバル変数の値を知ることはできても値を変更することはできない」のです。

しかし、これでは不便なので、関数内部からもグローバル変数を操作できるようにする仕組みがあります。それが「global」です。

この一文を関数定義の冒頭に書いておけば、値の変更ができるようになります。

◆ global文

書式	global グローバル変数名

次は、グローバル変数の値を関数内部で変更する例です。モジュール直下で参照すると変更後の値「500」が出力されます。

◆ 関数内部でグローバル変数の値を変更する

```
value = 100              ──── グローバル変数
def scope_test():
    global value          ──── global文
    value = 500           ──── グローバル変数の値を変更する

scope_test()              ──── 関数を呼び出す
print('モジュール直下で参照:', value)
```

◆ 実行結果

```
モジュール直下で参照： 500
```

⬚⬚⬚ 辞書オブジェクトをグローバル変数にして read()関数を修正する

うーん、「モジュールのどこからでもアクセスできる」といっても、グローバル変数とローカル変数のスコープには気を付けないといけないみたいですね。

でも関数側でglobal文を書いておけばグローバル変数を使うことがわかるので、混乱することはないかもしれません。

では、wordsをグローバル変数にして、read()関数を定義し直してみますか。

◆ グローバル変数と read()関数の定義（ray_answer_meaning.py）

```python
# 辞書オブジェクトを保持するためのグローバル変数
words = {}


# ファイルを読み込んで辞書オブジェクトを作る関数
def read():
    # グローバル変数を使用するための記述
    global words

                                            # ファイルのオープン
    with open('data/English_words.txt', 'r', encoding = 'utf_8'
            ) as file:
        lines = file.readlines()            # ファイル終端までのすべてのデータを取得


                                            # 行データを保持するリスト
    new_lines = []

                                            # リストlinesから1行データを取り出す

    for line in lines:
        line = line.rstrip('\n')            # 末尾の「\n」を取り除く
                                            # lineの中身が空文字でないか調べる

        if (line!=''):
            new_lines.append(line)          # リストnew_linesにlineを要素として追加
                                            # 行データの単語とその意味を要素にするリスト

    separate = []

                                            # new_linesから1行データを取り出す

    for line in new_lines:
        sp = line.split('\t')               # 1行データをタブのところで分割
        separate.append(sp)                 # 2要素のリストをリストseparateに追加
    words = dict(separate)                  # dict()関数で辞書オブジェクトを作る
```

英語は連想式で記憶する（リスト、辞書）

::: 「質問➡解答」のwhileブロックを作る

あとは、質問と解答を繰り返す、いつものwhileブロックを作ればいいですね。

今回はファイルを読み込む処理を関数にしたら、関数を呼び出して処理を行う部分が実際にプログラムを動かす部分（つまりプログラムの起点だ）になるわけだネ。

◆ プログラムの起点を示す

```
if __name__ == '__main__':
    プログラム開始後に実行するブロック
```

なにやら怪しげな条件式だけど、これは「モジュールが直接実行された場合にブロックの処理を実行する」という意味になるんだね。

先頭と末尾が2個のアンダースコア（__）になっている名前は、Pythonが使う変数として予約されていて、モジュールを直接実行した場合には__name__に「'__main__'」という値が入るようになっている。もちろんPythonのコンパイラーが入れるんだけどね。

プログラムの作り方によっては、このモジュールが別のモジュールから呼び出されることもある。例のインポートってやつだ。この場合（別のモジュールによってインポートされたとき）は、__main__ ではなくモジュール名が格納されるようになっている。

つまり、何でこんなことをやるのかというと、モジュールを作るときは「単体で実行できるだけでなく、ほかのモジュールにもインポー

トして使えるようにする」ということがよくあるんだな。で、インポートされたときは「プログラムの起点」が実行されるとまずいから、そうならないために「if __name__ =='__main__':」という条件式のブロックにするわけだ。それに、モジュールに関数やwhileブロックがごちゃごちゃ書いてあると、いったいどこがプログラムの起点なのかがわかりにくくなるので、「この条件式以下がプログラムの起点だよ」と示す目印にもなって便利なんだヨ。ぜひ使ってみてネ。

へえ、そうなんですか。じゃ、read()関数の呼び出しやwhileブロックはすべて、そのif __name__ なんたらのブロックとして書いちゃえばいいわけですね。

◆プログラムの実行ブロック（起点となるブロック）（ray_answer_meaning.py）

```python
words = {}

def read():
    ...関数定義省略...


#==================================================
#  プログラムの起点
#==================================================
if __name__ == '__main__':

    read()                          #  read()を実行して辞書オブジェクトを作る
    print('単語の意味を答えるね')

    while True:                     #  「質問→解答」を繰り返す

        word =input('>>>')          #  プロンプトを表示して入力を受け付ける

        if word == 'OK':            #  「OK」と入力されたら終了
            print('バイバ～イ')
            break

        elif word in words:         #  辞書オブジェクトから単語を探して意味を答える
            print('「' + words[word] + '」って意味だよ')
```

プログラムの起点が「見た目」にもわかるようにコメントを使って大々的に書いておきました。ま、取りあえずこれで単語の意味は答えられるようになりましたね。

あとは、肝心の「記憶」の部分ですよ。わからない単語を聞かれたら、その意味を教えてもらってファイルに書き込むことで記憶するんですよね。これについては次回ということで。

09 ファイルに書き込む関数を用意して学習機能を完成させる

前回は、ファイルから作成した辞書オブジェクトをグローバル変数に代入するところまで作成しました。今回は「新しい単語とその意味を記憶する部分」を作成します。

わからない単語があれば、その意味を入力してもらって、それをファイルに書き込む処理を作ってもらうんだけど、これも前回と同様に関数にしておこうか。その前にデータをファイルに書き込む方法についてチェックしといてネ。

▦ テキストファイルに書き込む

テキストファイルにデータを書き込む手順は、ファイルを読み込むときと同様にファイルをオープンしてから書き込みのための処理を行います。

◆テキストファイルに書き込む手順

❶ open()関数、またはwith文を使用してファイルを書き込みモードで開く。

❷ write()メソッド、またはwritelines()メソッドでファイルにデータを書き込む。

❸ open()関数でファイルを開いた場合はclose()メソッドでFileオブジェクトを閉じる。

ファイルのオープンモード

指定文字	機能
'r'	読み込みモードで開きます。
'w'	書き込みモードで開きます。ファイルがなければ新しく作り、すでにあればその内容を空にします。
'a'	追加書き込みモードで開きます。常にファイルの末尾に追加されます。

●write()メソッド

引数に指定した文字列をファイルに書き込みます。

◆write()メソッドの書式

書式	Fileオブジェクト.write(文字列)

●writelines()メソッド

引数に指定したリストの要素をファイルに書き込みます。

◆writelines()メソッドの書式

書式	Fileオブジェクト.writelines(リスト)

▦ 辞書オブジェクトからファイル保存用のデータを作る

いよいよ「記憶」するための部分を作るんですね。辞書オブジェクトのファイルへの書き込みですね。

え？　でもファイルに書き込む手順はわかりましたが、辞書オブジェクトをそのまま書き込むんですか。確か辞書用のテキストファイルは「単語 [Tab] 意味」の形式で書き込んでましたよね。ということは辞書オブジェクトから単語とその意味を取り出すだけじゃだめなんですかね、全然わかりませんよ、博士ー！

そうそう、辞書用のファイルには「単語 [Tab] 意味」のパターンで記録しているから、この形式で書き込まなきゃならないネ。さらに1行ぶんのデータとして末尾に改行を入れる必要もあるし。でないとデータがずらずら～ってつながっちゃうからネ。

このためには、辞書オブジェクトから「キー：値」のペアを1つずつ取り出してこれを加工する必要がある。うまいことに辞書オブジェクトにはitems()というメソッドがあるからこれを使おう。

●items()メソッド

辞書オブジェクトからすべての「キー：値」のペアをタプルの要素として、1ペアずつ取り出します。

◆items()メソッドの書式

書式	辞書オブジェクト.items()

このメソッドは、「キー：値」のペアをタプルの要素にして、すべてのペアのタプルをdict_itemsというオブジェクトにして返してくる。

なので、「words.items()」とした場合は、次のようなdict_itemsオブジェクトが返って来ることになる。

◆ **dict_items オブジェクト**

```
[
  ('prominent', '著名な、顕著な'),
  ('subsequent', 'その後の'),
  ('respectively', 'それぞれ、おのおの'),
  ('eliminate', 'なくす、排除する'),
  ......以下省略......
]
```

dict_itemsオブジェクトといってもタプルを格納したリストみたいなもんだから、forで1つずつイテレートすることができるよ。

で、その場合なんだけど、次のようにforの

ブロックパラメーター（イテレートした値を代入する変数）を2つ用意すると、「キー：値」が格納されたタプルからキーの部分と値の部分がそれぞれ代入されるようになるんだナ。

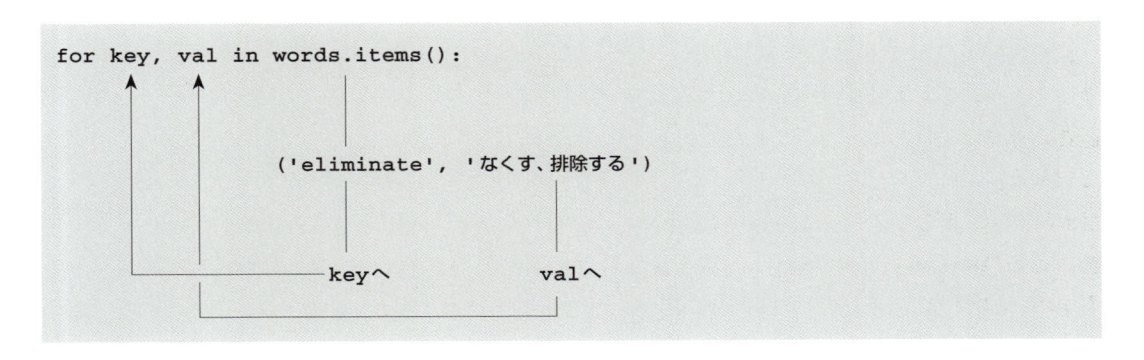

```
for key, val in words.items():
```

('eliminate', 'なくす、排除する')

keyへ　　　　valへ

へえ、うまい具合になってるんですね。あとは、ブロックパラメーターのkeyとvalをタブで連結し

て末尾に改行を付ければ、1行ぶんのデータが作れますね。

◆ **ファイルに保存する1行のデータを作る**

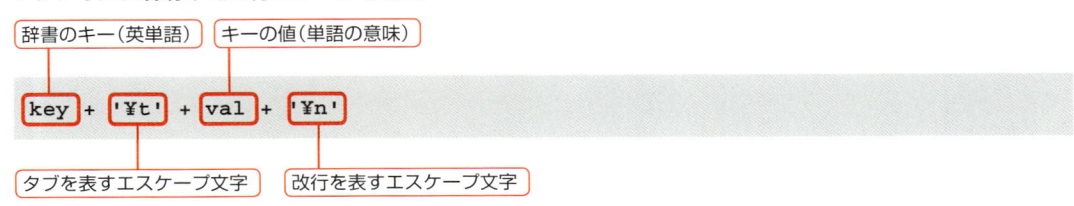

辞書のキー（英単語）　キーの値（単語の意味）

key + '¥t' + val + '¥n'

タブを表すエスケープ文字　改行を表すエスケープ文字

1行ぶんのデータができました。これをファイルに書き込んでいけばいいですね。

いや、1行ぶんずつファイルに書き込むのは効率が悪すぎるゾ。そのたびにファイルを開かなきゃならないからネ。

ファイルに書き込むメソッドにwritelines()というのがあったでしょ。これを使うと、リストの要素を一気に書き込むことができるので、今回のように複数の行をまとめて書き込みたいときに便利だ。

あらかじめ空のリストを用意しておいて、forループで1行のデータを作ったところで、このリストに追加していけばうまくいくよ。

あとはファイルを開いて、writelines()メソッドでリストの要素を書き込むだけだヨ。

::: 辞書のデータをファイルに書き込む関数を作る

forで辞書オブジェクトをキーと値に分解して1行ぶんのデータを作り、これをリストの要素としてどんどん追加し、最後にファイルに書き込むってわけですね。では、これらの処理はstudy()という関数にまとめてみます。

◆辞書オブジェクトの中身をファイルに書き込む関数（ray_answer_and_leatning.py）

```
def study():
    write_lines = []                              ——— 1行ぶんのデータを要素として代入するためのリスト

    for key, val in words.items():  ——— 辞書のキーをkey、値をvalに格納
        write_lines.append(key + '¥t' + val + '¥n')  ——— 1行データを作成

    with open(
            'data/English_words.txt',   ——— 書き込む対象のファイル
            'w',                        ——— 書き込みモードで開く
            encoding = 'utf_8'          ——— エンコード方式を指定
            ) as f:                     ——— Fileオブジェクトを変数fに代入
        f.writelines(write_lines)  ——— リストwrite_linesの要素をファイルに書き込む
```

そのまま書き込んでもいいけど、どうせならabc順で単語を並べて書き込むようにしよう。

sort()メソッドを使うとリストの要素を昇順で並べ替え（ソート）できるから、書き込みを行う直前にやっといてもらえるかナ？

●sort()メソッド

リストの要素を昇順で並べ替えます。要素が整数やfloat型の場合は値が小➡大の順で並べ替えられ、文字列の場合abc順、または「あいうえお」順で並べ替えられます。

引数に「reverse=True」を設定すると、降順で並べ替えます。

◆ **sort()メソッドで昇順で並べ替えるときの書式**

書式	リスト.sort() ……… 昇順で並べ替え

◆ **sort()メソッドで降順で並べ替えるときの書式**

書式	リスト.sort(reverse=True) ………降順で並べ替え

　1行データの先頭は英単語だから、abc順で並べ替えてから書き込むようにするんですね。

◆ **辞書オブジェクトの中身をファイルに書き込む関数**（ray_answer_and_leatning.py）

```python
def study():
    write_lines = []
    p = words.items()
    print(p)
    print(type(p))
    for key, val in words.items():
        write_lines.append(key + '¥t' + val + '¥n')
    write_lines.sort()              ——— 行データをabc順でソートする
    with open('data/English_words.txt', 'w', encoding = 'utf_8') as f:
        f.writelines(write_lines)
```

これなら毎回、ファイルを書き換えるたびにabc順でソートされるので、ファイルを開いて中身を編集するときにラクですね。

abcdef…

　　　study()関数が作成できたので、
あとはプログラムの終了時に呼び
出すようにすればいいですね。

　　　「OK」が入力されたらプログラムが終了しま
すので、このタイミングで呼び出すようにしま
しょう。

◆ 今回作成したプログラム（ray_answer_and_leatning.py）

```python
import time

# 辞書オブジェクトを保持するためのグローバル変数
words = {}
# ファイルを読み込んで辞書オブジェクトを作る関数
def read():
    # グローバル変数を使用するための記述
    global words
                                            # ファイルのオープン
    with open('data/English_words.txt', 'r', encoding = 'utf_8'
            ) as file:
        lines = file.readlines()            # ファイル終端までのすべてのデータを取得

                                            # 1行データを保持するリスト

    new_lines = []
    for line in lines:
        line = line.rstrip('¥n')
        if (line!=''):
            new_lines.append(line)
                                            # 1行データの単語とその意味を要素にするリスト

    separate = []

                                            # new_linesから1行データを取り出す

    for line in new_lines:
        sp = line.split('¥t')               # 1行データをタブのところで分割
        separate.append(sp)                 # 2要素のリストをリストseparateに追加
    words = dict(separate)                  # dict()関数で辞書オブジェクトを作る

def study():

                                            # 1行ぶんのデータを要素として代入するためのリスト

    write_lines = []

                                            # 辞書のキーをkey、値をvalに格納
```

```
    for key, val in words.items():
        write_lines.append(key + '¥t' + val + '¥n')
                                    # 行データをabc順で並べ替える
    write_lines.sort()
                                    # ファイルを書き込みモードでオープン
    with open('data/English_words.txt', 'w', encoding = 'utf_8'
            ) as f:
        f.writelines(write_lines)       # リストの行データをまとめて書き込む
#==================================================
# プログラムの起点
#==================================================
```

<コード>
```
if __name__ == '__main__':
                                    # read()を実行して辞書オブジェクトを作る
    read()                        ──────── ❶
    print('単語の意味を答えるね')
                                    # 「質問→解答」を繰り返す
    while True:
                                    # プロンプトを表示して入力を受け付ける
        word =input('>>>')
                                    # 「OK」と入力されたら終了
        if word == 'OK':          ──────── ❷
            study()    # 英単語とその意味をファイルに保存する
            print('バイバ～イ')
            break
                                    # 辞書オブジェクトから単語を探して意味を答える
        elif word in words:       ──────── ❸
            print('「' + words[word] + '」って意味だよ')
        else:                     ──────── ❹
            print('わかんないよ～')
            # 単語の意味を取得
            meaning =input('意味を教えて>')
            while not meaning:
                meaning =input('意味を教えて>')
            # 単語とその意味を辞書オブジェクトに追加
            words[word] = meaning
            print('記憶中......')
            time.sleep(3)    # 3秒間待つ
```

これで、レイはわからない単語もちゃんと学習できるようになったはずです。念のため、プログラムのポイントになる箇所を確認しておきましょうか。

❶プログラム起動直後の処理

プログラムを起動すると、read()関数で辞書用のファイルから読み込んで、辞書オブジェクトを作ります。

❷プログラム終了時の処理

「OK」と入力されたらプログラムを終了しますが、終了する前にstudy()関数を呼び出し、辞書オブジェクトの中身をファイルに書き込みます。そのあとメッセージを表示してbreakでwhileブロックを抜けます。

❸単語の意味を答えるための処理

入力された単語が辞書オブジェクトの中にあれば、単語の意味を答えます。

❹わからない単語の場合の処理

入力された単語が辞書オブジェクトになければ、その意味を入力してもらいます。入力された単語の意味は、先に入力されている単語とセットで辞書オブジェクトwordsに追加します。わからない英単語はここで学習します。

では、プログラムを起動して試してみましょう。

◆ **プログラムを起動して英単語の意味を質問する**

```
単語の意味を答えるね
>>>integrate
「一体化する、組み入れる」って意味だよ
>>>prominent
「著名な、顕著な」って意味だよ
>>>incorporate
「取り入れる」って意味だよ
>>>persuade
「説得する、促す」って意味だよ
>>>modest          ——— この単語は辞書用のファイルにない
わかんないよ～
意味を教えて >ささやかな、謙虚な   ——— 単語の意味を教えてあげる
```

```
記憶中 . . . . . .          ─────── ここで辞書オブジェクトに登録している
>>>involve                ─────── この単語も辞書用のファイルにない
わかんないよ〜
意味を教えて >伴う、必要とする   ─────── 単語の意味を教えてあげる
記憶中 . . . . . .          ─────── 辞書オブジェクトに登録
>>>OK
バイバ〜イ
```

 辞書用のファイル「English_words.txt」はどうなってるかな。開いて中身を見てみましょう。

◆ English_words.txt

anticipate	予想する、予期する
crucial	極めて重要な
devise	考案する
distinct	明確な、独特な
disturb	邪魔する、不安にさせる
eliminate	なくす、排除する
incorporate	取り入れる
integrate	一体化する、組み入れる
involve	伴う、必要とする ─────── 新たに登録された単語
magnificent	壮麗、壮大な
modest	ささやかな、謙虚な ─────── 新たに登録された単語
perceive	知覚する
perspective	展望、観点
persuade	説得する、促す
privilege	特権、特典
prominent	著名な、顕著な
respectively	それぞれ、おのおの
retain	記憶する、維持する
seize	つかむ、つかみ取る
strain	負担、重圧
subsequent	その後の
variation	変化、変動

　新しい単語とその意味がうまく記録されたみたいです。これで、レイはわからない単語を学習できるようになりました。

　これを繰り返していけば、受験必須レベルの英単語の完全制覇も夢ではありません。地道にコツコツ教えてあげましょう。

リストやタプルからインデックスと要素を取得する COLUMN

次のようなリストから要素を順番に取り出して連番を振りたいとします。

◆受験科目を要素としたリスト

```
subjects = ['英語', '数学', '世界史', '現代文']
```

◆こんなふうにしたい

```
1 : 英語
2 : 数学
3 : 世界史
4 : 現代文
```

次のようにforでsubjectsをイテレート（反復処理）し、インデックスに1を加える書き方が基本です。

◆forでsubjectsをイテレートする

```python
subjects = ['英語', '数学', '世界史', '現代文']
cnt = 0
for subject in subjects:
    print(str(cnt + 1 ) + ' :', subject)
    cnt += 1
```

もう一つのやり方としてrangeオブジェクトをイテレートする方法があります。

◆forでrangeオブジェクトをイテレートする

```python
subjects = ['英語', '数学', '世界史', '現代文']
for index in range(len(subjects)):  # len(subjects)は「4」
    print(str(index + 1 ) + ' :', subjects[index])
```

組み込み関数のenumerate()を使うと、もっとスマートに書けます。enumerate(イテレート可能なオブジェクト)と書くと、インデックスと要素のペアをタプルにして返してくるので、これをforでイテレートするというわけです。

◆forでenumerate()関数の戻り値をイテレートする

```python
subjects = ['英語', '数学', '世界史', '現代文']
for index, subject in enumerate(subjects):
    print(str(index + 1 ) + ' :', subject)
```

英語は連想式で記憶する（リスト、辞書）

Chapter 6

オブジェクト指向とクラス

01 「炎の家庭教師」登場！（クラスの作成）

これまでのレイは、インタラクティブシェル上で動作するプログラムでした。CUI（キャラクター・ユーザー・インターフェイス）という文字ベースのプログラムです。

さて、これまでレイには、数学の計算から基本5文型による英作文、英単語の記憶などなど、受験に必要な知識を少なからず搭載してきたわけなんだけど、そろそろプログラムとしての専用の画面（インターフェイスだな）を用意してあげたいと思うんだナ。

我々がよく使うアプリのように入力画面があって、ボタンをポチっとクリックすると何かが行われるアレだね。

このようなプログラムにするには、操作画面（GUI）を作成するプログラムが別途で必要になる。つまり、質問への受け答えをするプログラムのほかに、操作画面を作ってユーザーとのやり取りを行うプログラムが必要になるわけだネ。

「1つのプログラムだけど中身は複数のプログラムでできている」というかたちのプログラムになるんだけど、このように1つのプログラムの中に「小さなプログラム」を押し込めるには「クラス」というものが必要になるから、ワタシのマニュアルでチェックしといてネ。

プログラムを作るためのプログラム（クラス）

「クラス（class）」を辞書でひくと、「種類」「授業」「学級」と出ています。これまで文字列や数値などのデータは、Pythonでは「オブジェクト」として扱うと説明してきました。

Pythonは「オブジェクト指向」のプログラミング言語なので、プログラムで扱うすべてのデータをオブジェクトとして扱うようになっています。文字列はたんなる「文字列」ではなく「str型のオブジェクト」、整数値は「int型のオブジェクト」のような具合です。

では、'こんにちは'のような「生のデータ」とオブジェクトは何が違うのでしょうか。

ここに一つのヒントがあります。オブジェクト指向言語のクラスの説明に

> オブジェクト指向言語のクラスはプログラムで扱うデータを「プログラマーによって定義された、一定の振る舞いを持つオブジェクトの構造である」。

というものがあります。

何のことを言ってるのかよくわかりませんが、「オブジェクトというものはクラスによって定義され、クラスにはオブジェクトを操作するためのメソッドが備わっている」ということを言いたいのではないでしょうか。

実際、Pythonのint型やstr型などはすべて「クラス」で定義されています。「intクラス」や「strクラス」という具合です。

これまで「int型のオブジェクト」とか「str型（文字列）のオブジェクト」と言っていたのは、正確にはintクラスのオブジェクト、strクラスのオブジェクトになります。

◆オブジェクトとクラス

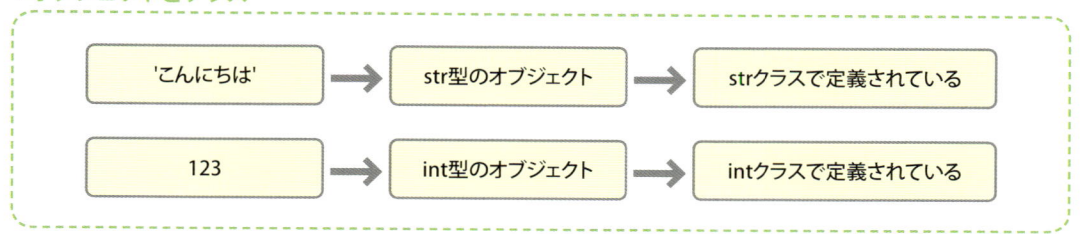

なので、これまで使ってきた文字列オブジェクト（str型のオブジェクト）や整数値オブジェクト（int型のオブジェクト）は、正確には「クラスから作られた物体」なのです。

ますます意味がわからなくなりましたが、Pythonは「lucky = 7」と書くと運がいいかどうかはさておき、コンピューターのメモリ上に7という値を読み込みます。で、たんに7をメモリに置くのではなく「この値はint型である」という制約をかけます。このような制約をかけるのがクラスです。

制約をかけるといっても、制約をかけることによって「そのオブジェクト専用のメソッドが使えるようになる」のです。

クラスには、クラスのオブジェクトで使える便利なメソッドがいくつも定義されています。

str型にはset型専用のメソッド、int型にはint型専用のメソッドがいくつも定義されています。

これまで「str型のオブジェクトに対して実行するメソッド」とか「辞書オブジェクトに対して実行するメソッド」がそれぞれ定義されています。なので、辞書オブジェクトに対してはvalues()とかitems()という専用のメソッドを実行することができたというわけです。

ですが、通常はこんな細かなことを見なければならないわけではなく、「str型のオブジェクトにはこのメソッドが使える」ということだけがわかればよいのです。

クラスというものを意識しなければならなくなるのは、独自のオブジェクトを作りたいときです。

独自のオブジェクトを使いたいならクラスを定義する。

クラスについて長々と説明しましたが、まずはオリジナルのクラスを作ってみましょう。クラスを作るには、まずその定義が必要です。

すでに説明したように、オブジェクトはクラスから作られます。いくつ作ろうが制限はありません。このことから、「クラスはオブジェクト

の設計図」「クラスはオブジェクトの工場」など、ちょっと意味不明な説明が巷の解説本やWebサイトにあふれています。何のことはありません。「クラスを定義すればオブジェクトを作れる」、それだけのことです。

クラスは次のようにclassキーワードを使って定義します。

◆クラスの定義

書式
> class クラス名:

これでクラスを作ることができるのですが、中身が空っぽです。

では、実際のクラスがどんなものであるかを見てみることにしましょう。

◆Tutorクラス（tutor.py））

```
class Tutor:
    def __init__(self, max):
        self.max = max          ❶インスタンス変数maxにパラメーターmaxの値を代入
        self.count = 0          ❷インスタンス変数countに0を代入

    def teach(self):            ❸
        if self.count < self.max:   ❹
            print('いつやるの？今でしょ！')
        else:                   ❺
            print('よーし続きは明日だ')
        self.count += 1         ❻インスタンス変数countに1加算
```

「炎の家庭教師」登場です。何だかアツい人のようですが、付きっきりで叱咤激励してくれるみたいです。

このクラスから作られるオブジェクトを「Tutorオブジェクト」と呼ぶことにします。Tutorオブジェクトは、ある回数までは「いつやるの？　今でしょ！」と叱咤し、一定の回数に達したら「よーし続きは明日だ」と指導を終

えます。

Tutorクラスには、2つのメソッドが定義されているのがわかります。1つ目は__init__()、2つ目はteach()というメソッドです。

クラスで使えるメソッドは、このようにクラスの内部で定義されます。こんなふうにクラスの内部で定義した関数を**メソッド**と呼びます。関数はモジュールの直下で定義するのに対し、メソッドはクラスの内部で定義します。

オブジェクト指向とクラス

オブジェクトの初期化を行う__init__()メソッド

クラス定義において、__init__()というメソッドは特別な意味を持ちます。クラスからオブジェクトが作られた直後、オブジェクトが使えるように、なにがしかの準備しなければばらならいことがあります。

例えば、「回数を数えるカウンター変数の値を0にセットする」「必要な情報をファイルから読み込む」などです。

「初期化」を意味するinitializeの4文字をダブルアンダースコアで囲んだ__init__()というメソッドは、オブジェクトの初期化処理を担当し、オブジェクト作成直後に自動的に呼び出されます。

__init__()メソッドに限らず、すべてのメソッドの決まりとして、第1パラメーターは「self」でなければなりません。

メソッドを実行するきは「オブジェクト.メソッド()」のように書くのですが、これは「オブジェクトに対してメソッドを実行する」ことを示しています。

で、メソッドには呼び出し元のオブジェクトの情報が渡されるのですが、Pythonでは「どのオブジェクトに対してメソッドを実行するのか」を明示的に示すために、オブジェクトの情報がメソッドのパラメーターに渡されるようになっています。

◆ __init__()メソッドの書式

書式	def __init__(self, パラメーター, ...) 　　　初期化のための処理

◆ メソッドを呼び出すと実行もとのオブジェクトの情報がselfに渡される

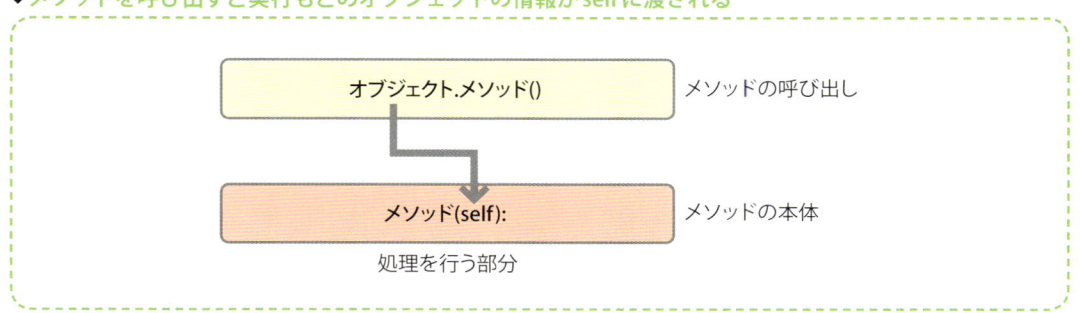

なので、メソッドのパラメーターには「self」が必須です。これを書かないと、どのオブジェクトから呼び出されたのかがわからないので、エラーになってしまいます。

ただ、ふつうのパラメーターと何ら変わりません

ので、名前がselfである必要はなく、myとかmeでもかまいません。わかりやすくするためにselfが使われているだけなのですね。もちろん、selfパラメーターのあとには、必要な数だけ独自のパラメーターを設定できます。

インスタンスごとの情報を保持するインスタンス変数

Tutorクラスがどのような初期化処理を定義しているのか見てみましょう。

例のselfの次にあるmaxというパラメーターで取得した値をself.maxという変数に代入しています。

ここでselfが使われていますが、self.maxは「インスタンス変数」を表しています。**インスタンス**とはクラスの実体、つまりオブジェクトを指す用語です。オブジェクトもインスタンスも意味は同じですが、「メモリ上に読み込まれているオブジェクト」そのものを指す場合に、インスタンスという用語が使われます。

インスタンス変数は、インスタンスが独自に保持する値（これもやはりオブジェクトであり何かのクラスのインスタンス）に名前を付けたものです。1つのクラスからオブジェクト（インスタンス）はいくつでも作れますが、これまで何度も出てきた文字列オブジェクトがそうであったように、それぞれのインスタンスは独自のデータを保持できます。このようなオブジェクト固有の情報を保持する手段としてインスタンス変数を使うというわけです。

◆ **インスタンス変数の作成**

書式	self.インスタンス変数名 ＝ 値

◆ **クラスで定義されたインスタンス変数をそれぞれのインスタンスで使う**

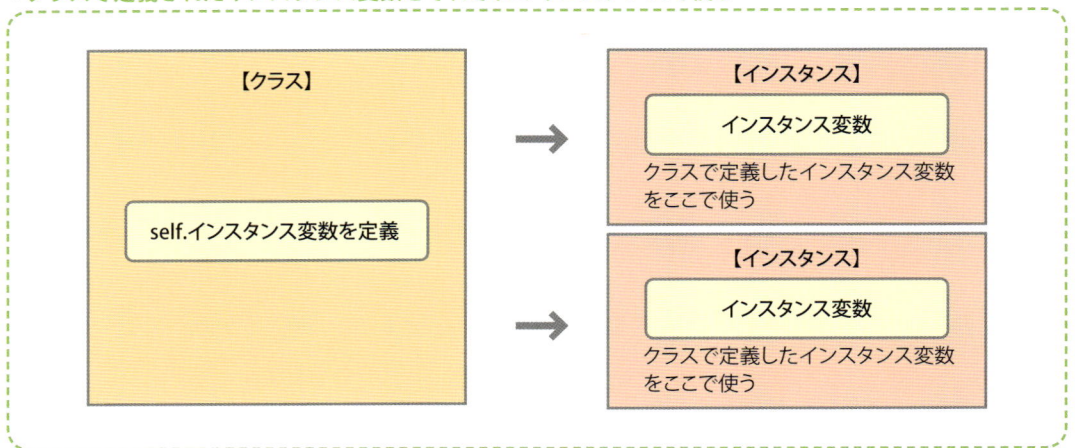

このとき、どのインスタンスかを示すのがselfの役割です。

__init__()メソッドのパラメーターselfには、呼び出し元、つまり、クラスのインスタンス（の参照情報）が渡されてきますので、「self. max」は「インスタンスの参照.max」という意味になり、そのインスタンスが保持しているmax変数を指すようになります。「self.count」も同様に「インスタンスの参照.count」という意味になります。

__init__()メソッドで初期化の処理を行う

Tutorクラスで使用するインスタンス変数は、self.maxとself.countの2つです。どちらも__init__()メソッド内でそれぞれ値が代入されます。

このように、変数にはじめて値を代入することを**初期化**と呼びます。

◆ __init__()メソッドでインスタンス変数を初期化する

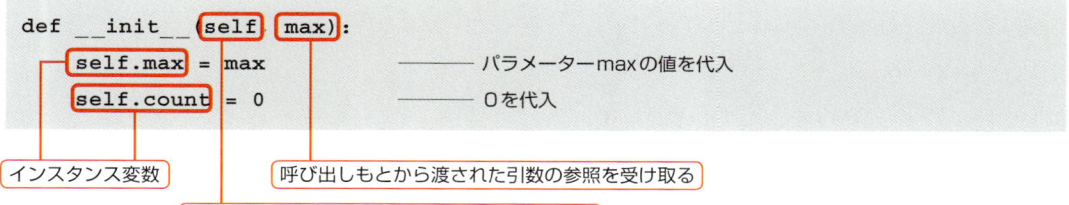

インスタンス変数self.maxとパラメーターmaxはまったく別の変数であることに注意してください。「self.max = max」という代入式により、パラメーターmaxが指すオブジェクトをself.maxも指すようになります。これは、パラメーターmaxに10という数値が引数として渡されると、値そのものがコピーされるのではなく、数値（int型）オブジェクトの参照が渡されます。このような感じで、メソッドのselfをはじめ、すべてのパラメーターには呼び出しもとからの「参照」が渡されます。

Tutorオブジェクトを作るときに呼び出されるのが__init__()メソッドですので、引数をmaxに渡すことで、オブジェクト独自のself.maxの値が決まるというわけです。

一方、self.countは0を直接代入しているので、Tutorクラスから作られたオブジェクトのself.countは0になります。

以上、__init__()メソッドによって、Tutorオブジェクトは2つの情報を保持するように準備されました。

これらのインスタンス変数は何のために使うのか、そもそもself.maxとself.countを用意した目的は何かということになりますが、teach()メソッドを見るとそれが明らかになります。

◆オブジェクトが生成される流れ

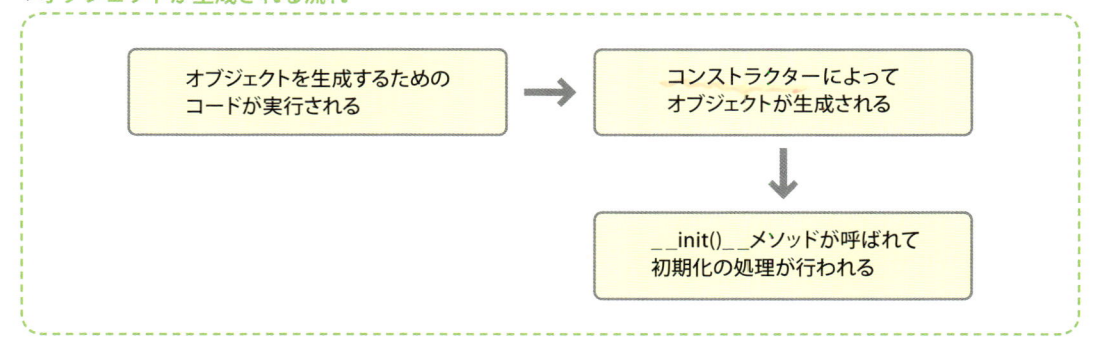

叱咤激励するteach()メソッド

teach()メソッドは大きく分けて2つの処理をします。まず前半のifに与えた条件によって「いつやるの？ いまでしょ！」あるいは「よーし続きは明日だ」のどちらかを表示します。

◆ **Michaelクラスのteach()メソッド**

```
def teach(self):
    if self.count < self.max:          ①
        print('いつやるの？今でしょ！')
    else:                              ②
        print('よーし続きは明日だ')
    self.count += 1                    ③
```

◆ **メソッドを定義する**

書式	def メソッド名(self, パラメーター2, ...):
	処理...

メソッドの第1パラメーターは、オブジェクトを受け取るためのselfです。teach()メソッド内部のifでは「self.count < self.max」を条件式にしています（①）。self.countとself.maxを比べてself.countのほうが小さければTrueとなります。つまり、ifの部分は、self.countがself.maxに達しない間は「いつやるの？ いまでしょ！」と出力します。一方、self.countがself.maxと同じかそれ以上だったらFalseになりますので、②のelse以下の「よーし続きは明日だ」と出力することになります。

③の「self.count += 1」は、self.countが指す値に1を加算して、再びself.countに代入し直すという処理を行いますので、teach()メソッドが呼び出されるたびにself.countの値は1ずつ増えていくことになります。

つまり、self.countは回数を数える「カウンター変数」としてteach()メソッドが実行された回数を保持しており、それをifステートメントで毎回self.maxと比較するのです。

self.maxは「いつやるの？ いまでしょ！」と表示する最大回数を示し、self.countがそれを超えた時点からteach()メソッドは「よーし続きは明日だ」と表示するようになります。

以上のように、Tutorクラスの機能がインスタンス変数とメソッドの連携によって成り立っているところがポイントです。

⠿「家庭教師」を呼んでこよう（オブジェクトの生成）

クラスの定義が終わったので、さっそく使ってみることにします。まずはオブジェクトの作成（生成）

からです。

◆ Michaelオブジェクトの生成

```
tu = Tutor(5)
```

Tutorクラスのインスタンス（オブジェクト）を作り、それにtuという変数名を付けています。

◆ インスタンス（オブジェクト）の生成

書式	変数 = クラス名(引数)

オブジェクトは、このようにクラス名（引数）と書くことによって作ることができます「クラス名()」となっていることに注意してください。これは関数の呼び出し式ですね。

でも、Tutor()関数なんて作った覚えがありません。これはどうしたことでしょう？

実は、Tutor()はオブジェクトを作るためのコンストラクターです。**コンストラクター**は、オブジェクトを生成するための特殊なメソッドです。プログラムを実行するとPythonインタープリターが、クラス1つにつき、クラス名と同名のコンストラクターを1つ、自動で生成します。

◆ オブジェクト生成の流れ

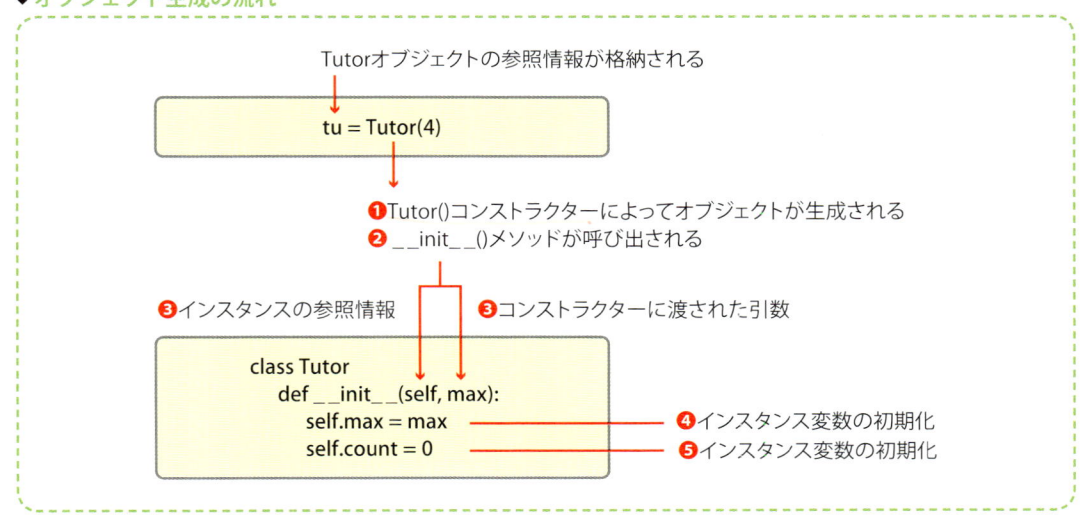

クラス名（引数）と書くことで自動的にコンストラクターが実行され、クラスのオブジェクトが作られます。そのあとでコンストラクターは__init__()を呼び出すので、初期化に必要な処理が行われたあと、戻り値としてオブジェクトの参照（アドレス）が返されます。

　Tutor()コンストラクターに渡した引数はそのまま__init__()メソッドに引き継がれます。

　ここでは4を渡していますが、それが__init__()メソッドのパラメーターmaxにパス

されて、self.maxが4で初期化されます。

　これでTutorオブジェクトが作られ、変数tuによってそのオブジェクトを扱うことができるようになりました。

　TutorクラスとTutorオブジェクトを使用するプログラムは、次のようになります。オブジェクトを使う部分を「if __name__ == '__main__':」以下に書いたことによって、tutorモジュールを別のモジュールでインポートして使えるようにしています。

◆**Tutor クラスのオブジェクトを使う（tutor.py）**

```python
class Tutor:
    def __init__(self, max):            ——— オブジェクトの初期化を行う
        self.max = max
        self.count = 0

    def teach(self):                    ——— 処理回数に応じて異なるメッセージを表示するメソッド
        if self.count < self.max:
            print('いつやるの？今でしょ！')
        else:
            print('よーし続きは明日だ')
        self.count += 1
#===================================================
#  プログラムの起点
#===================================================
if __name__ == '__main__':
    tu = Tutor(4)
    for i in range(5):                  ——— 6回繰り返す
        print('この単語も覚えなきゃダメ？')
        tu.teach()
```

◆ 実行結果

```
この単語も覚えなきゃダメ？
いつやるの？今でしょ！
この単語も覚えなきゃダメ？
いつやるの？今でしょ！
この単語も覚えなきゃダメ？
いつやるの？今でしょ！
この単語も覚えなきゃダメ？
いつやるの？今でしょ！
この単語も覚えなきゃダメ？
よーし続きは明日だ
```

　使用例はこんな感じです。5回目の繰り返しでself.countがself.maxに達したため、「よーし続きは明日だ」と表示されました。

　この回数の上限はオブジェクトを作るときに決めることができるため、「tu = Tutor(100)」などとすることで、鬼のような家庭教師を作ることができます。

このプログラムを英単語学習プログラムと合体させれば…

もう、ガチで英単語のオニになっちゃいますよ〜

02 レイの発言回数を家庭教師に覚えてもらおう（クラス変数）

GUI版スーパー受験生ロボット「レイ」を早く開発したいところですが、もうしばらくオブジェクト指向についての学習が続くようです。

Tutorクラスを作ってレイを叱咤激励するようにしたけど、同じセリフばかりじゃ、あまりにもワンパターンで盛り上がりに欠けるよね。

そこで、レイが頑張ってるとこを見せられるように違うセリフも織り交ぜたいところだけ

ど、「よーし続きは明日だ」と言ってもらうまでレイの発言回数を1から数えていたのではへばってしまう。そこで、レイが発言した回数を家庭教師に覚えておいてもらうことにしようかネ。

オブジェクト同士で共有するクラス変数

レイが発言した回数を数えるってことは、家庭教師のTutorクラスに回数を数える仕組みを用意しなきゃなりませんね。

ってことはカウント用の変数をクラスに用意するってことですか、博士？

カウント用の変数ってのは、クラス内部で使うクラス専用の変数ってことだよね。つまり、インスタンス変数はオブジェクトごとに用意されるけど、そうではなくて「クラスに1個だけあればいい」という性格のものだ。

このようなクラス内部でのみ使う変数のことを**クラス変数**と呼ぶんだけど、Pythonのクラスでは、クラス直下に変数を書くことで、それをクラス変数にすることができるのネ。もちろんselfは付けない。

◆ クラス変数

```
class クラス名:
    クラス変数名 = 値
```

次のように書けば、count、maxという2つのクラス変数が作れる。インスタンス変数はインスタンスごとに用意されるので、それぞれの

インスタンスごとに固有の値を持つけど、クラス変数は「クラスに用意される変数」だから、その実体は1つだけだヨ。

◆ **Tutor クラスにクラス変数を2つ用意する**（tutor_class_variable.py）

```python
class Tutor:
    count = 0        ———— クラス変数
    max = 4          ———— クラス変数

    def teach(self):
        if self.__class__.count < self.__class__.max:
            print('いつやるの？今でしょ！')
        else:
            print('よーし続きは明日だ')
        self.__class__.count += 1
```

　クラス変数には、クラス名を使ってアクセスする。クラス内部でも、クラスから生成したオブジェクトからでも書き方は同じだヨ。

◆ **クラス変数にアクセスする**

書式	クラス名.クラス変数名 または self.__class__.クラス変数名

　「クラス名.クラス変数名」でアクセスすることに問題はないんだけど、Pythonが使う__class__という変数には、オブジェクトのクラス名が代入されるようになっているから、クラス名を書く代わりに「self.__class__.クラス変数名」と書いてアクセスするのがおススメだ。

　もし、何かの事情でクラス名を変更しなければならなくなった場合に、self.__class__.～と書いておけばこの部分は書き換える必要がないからネ。

　なるほど、Tutorオブジェクトをいくつ生成しようとも、すべてのオブジェクトがクラス変数のcount、maxを参照するから、あるオブジェクトでcount、maxの値を変更したら、すべてのオブジェクトに反映されるってことですね。

　では、Tutorオブジェクトを2つ作って、レイに'この単語も覚えなきゃダメ？'を3回、'もう覚えらんないよー'を2回しゃべってもらうことにします。

◆ レイに2つのセリフをしゃべらせる（**tutor_class_variable.py**）

```
...Tutorクラスのコードは省略...
#===================================================
#  プログラムの起点
#===================================================
if __name__ == '__main__':

    tu1 = Tutor()              ——— 1つ目のMichaelオブジェクトを生成
    for i in range(3):
        print('この単語も覚えなきゃダメ？')
        tu1.teach()            ——— 3回繰り返された時点でcountの値は3になる
    tu2 = Tutor()
    for i in range(2):
        print('もう覚えらんないよー')
        tu2.teach()            ——— 1回目の処理はcount＝3の状態から開始される
```

◆ 実行結果

```
この単語も覚えなきゃダメ？
いつやるの？今でしょ！         ——— 1つ目のTutorオブジェクトからteach()を実行
この単語も覚えなきゃダメ？
いつやるの？今でしょ！         ——— 1つ目のTutorオブジェクトからteach()を実行
この単語も覚えなきゃダメ？
いつやるの？今でしょ！         ——— 1つ目のTutorオブジェクトからteach()を実行
もう覚えらんないよー
いつやるの？今でしょ！         ——— 2つ目のTutorオブジェクトからteach()を実行
もう覚えらんないよー
よーし続きは明日だ            ——— 2つ目のTutorオブジェクトからteach()を実行
```

teach()メソッドで「self.__class__.count += 1」によって増えた値は保持されているから、新しいオブジェクトを生成すると引き続きその値を使えたってことですね。

もう1つのクラス変数maxは4で初期化し

ただけなので、すべてのTutorオブジェクトがこの値を参照する。Tutorオブジェクトをいくつ作っても、この回数を超えたら（5回になったら）'よーし続きは明日だ'と言ってもらえるというわけ。

◆ すべてのTutorオブジェクトが同じクラス変数を参照する

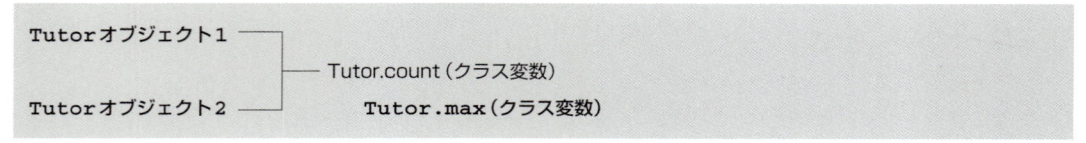

クラス変数を外部で初期化する

家庭教師に単語を覚えた回数を覚えてもらうようになったのはいいけど、一定の回数に達したあとは「よーし続きは明日だ」としか言ってくれないネ。レイをもっとシゴいてほしいならクラス変数countを0にすれば、また1からやり直せるヨ。

うわー博士も鬼ですねぇ。じゃ、クラス変数を途中で書き換えて、もうちょっとレイに頑張ってもらいますか。

◆ クラス変数の値を外部で変更する（tutor_class_variable_set.py）

```
...Tutorクラスのコードは省略...
#===================================================
#  プログラムの起点
#===================================================
if __name__ == '__main__':

    tu1 = Tutor()
    for i in range(3):
        print('この単語も覚えなきゃダメ？')
        tu1.teach()

    tu2 = Tutor()
    for i in range(2):
        print('もう覚えらんないよー')
        tu2.teach()

    Tutor.count = 0        ——— クラス変数の値を0にする

    tu3 = Tutor()
    for i in range(2):
        print('やっぱりもう1つ覚えるかな')
        tu3.teach()        ——— Tutor.count ＝ 0の状態から始める
```

◆実行結果

```
この単語も覚えなきゃダメ？
いつやるの？今でしょ！
この単語も覚えなきゃダメ？
いつやるの？今でしょ！
この単語も覚えなきゃダメ？
いつやるの？今でしょ！
もう覚えらんないよー
いつやるの？今でしょ！
もう覚えらんないよー
よーし続きは明日だ              ──────  ここでいったん終了
やっぱりもう1つ覚えるかな        ──────  最初からはじめる
いつやるの？今でしょ！
やっぱりもう1つ覚えるかな
いつやるの？今でしょ！
```

⠿ teach() をクラスメソッドに変更する

インスタンス変数をクラス変数に変えたおかげで、新規のオブジェクトを生成しても家庭教師はレイの発言回数を覚えてくれるようになりました。

ちょっと気になったのですが、今回のTutorクラスにはクラス変数しかなく、インスタンス変数は皆無ですね。てことは、そもそもTutorクラスのオブジェクトを作る意味ってあるんですかね、博士。

そうそう、teach()メソッドもクラス変数しか扱ってないよね。ということは、オブジェクトをいくつ作っても同じ変数を使いまわしていることになる。そもそもクラス変数は「クラスに1つだけ存在する」ものだね。こういうときは、インスタンスメソッドではなくクラスメソッドにした方がスッキリするヨ。

Pythonには＠ではじまる特別な意味を持ったキーワード（デコレーター）があって、メソッドの定義の前の行に「@classmethod」と書くと、そのメソッドは「クラスメソッド」になるんだね。

で、クラスメソッドは第1パラメーターでクラスの参照を受け取るから、これを使ってクラス変数にアクセスできるようになる。「self.__class__.count」とか「Tutor.count」じゃなく、「パラメーター.count」でアクセスできるからネ。そうそう、これは大事なことだけど、クラスメソッドやクラス変数を利用するのなら、インスタンス化は不要になる。オブジェクトを生成しなくても「クラス名.メソッド名()」でOKだから、さっきのプログラムを作り変えてみてくれるかナ？

クラスメソッドはクラスの参照を受け取って、クラスメソッドを実行するにはオブジェクトの生成が不要ってことですか。いまいちよく理解できないんですが、まずは言われたとおりに作り変えてみます。

◆ **クラス変数しか扱わないteach()をクラスメソッドにする**（**tutor_class_method.py**）

```python
class Tutor:
    count = 0
    max = 4

    @classmethod                    ——— デコレーターを指定する
    def teach(cls):                 ——— ❶クラスメソッドの定義
        if cls.count < cls.max:
            print('いつやるの？今でしょ！')
        else:
            print('よーし続きは明日だ')
        cls.count += 1



#==================================================
#  プログラムの起点
#==================================================
if __name__   == '__main__':

    for i in range(3):
        print('この単語も覚えなきゃダメ？')
        Tutor.teach()               ——— クラスメソッドを実行

    for i in range(2):
        print('もう覚えらんないよー')
        Tutor.teach()               ——— クラスメソッドを実行

    Tutor.count = 0

    for i in range(2):
        print('やっぱりもう1つ覚えるかな')
        Tutor.teach()               ——— クラスメソッドを実行
```

　実行結果は作り変える前のものとまったく同じでした。しかし、オブジェクトを作ってないのに何でメソッドが実行できたんですかね。

博士のマニュアルに何か書いてあるみたいだからさっそく読んでみましょう。

クラスの定義も実はオブジェクト

Pythonでは、「プログラムで扱うすべてのデータをオブジェクトとして扱う」ということを説明してきました。

例えば、次のように書くと画面には<class 'int'>と表示されます。type()関数は、そのオブジェクトの元になったクラス名を返します。

```
a = 10
print(type(a)) ——— <class 'int'>と表示
```

整数値の10が代入された変数は、intクラスのオブジェクトであるということです。

もちろん、次のように書いても同じように表示されます。

```
print(type(10)) ——— <class 'int'>と表示
```

Pythonでは、整数値をすべてintクラスのオブジェクトとして扱っているということです。同様に文字列のデータはstrクラスのオブ

ジェクトとして扱われます。一方、クラスについてはどうでしょうか。

◆ クラス定義のオブジェクトを調べる（test.py）

```
class Test:
    cls_var = 10

    def __init__(self, num):
        self.inst_var = num

    @classmethod
    def test(cls, val):
            cls.cls_var += val

print(type(Test)) ——— <class 'type'>と表示
```

実行してみると<class 'type'>と表示されました。これはクラスを定義するコードが「typeというクラスのオブジェクトである」ことを示しています。

実はPythonのクラスの定義コードは、すべて（ただし、objectクラスは除く）typeクラスのオブジェクトとして扱われるようになっているのです。

「クラスのコードがオブジェクト」というと変な感じがしますが、値に名前を付けたのが変数であるのと同じように、クラスの定義コードにTestという名前を付けた、というわけです。

で、この定義コードはtypeクラスのオブジェクトということです。なので、こんなこともできます。

◆**クラス名Typeの実体**

```
Test                ──────  typeクラスのオブジェクトでTestクラスの定義コードが代入されている
name = Test         ──────  Testの定義コードが格納されたオブジェクトをnameに代入
obj = name(50)      ──────  nameを使ってTestクラスをインスタンス化
print(obj.inst_var) ──────  「50」と表示される
```

なんと、クラス名をnameに代入したら、そのままnameを使ってTestクラスのオブジェクトを作ることができました。

TestにはTestクラスの定義コードを保持するオブジェクトの参照が代入されているので、この参照情報がnameにも代入されたのです。

無事、__init__()が実行され、引数の「50」がインスタンス変数inst_varに代入されたことが確認できました。

このように、クラスの定義コードはtypeクラスのオブジェクトとして存在するので、クラス名を書けばいつでもクラスのコードにアクセスできます。

インスタンス変数はインスタンスごとに用意されるので、「オブジェクト.インスタンス変数名」でアクセスできます。

一方、メソッドは「オブジェクト.メソッド名()」で実行できますが、メソッドの定義コードは先のtypeオブジェクトにあります。このようにしてインスタンス変数やメソッドへのアクセスが行われるのです。

一方、クラス変数やクラスメソッドはどうでしょう。

◆**クラスメソッドを実行してクラス変数の値を表示**

```
name.test(100)       ──────  Testを代入したnameからtest()メソッドを実行
print(name.cls_var)  ──────  「110」と表示される
```

クラス変数はインスタンスごとに用意されることはありません。なぜならクラス変数の実体（定義コード）は、例のtypeオブジェクトの中にあるからです。

そこにはクラス変数cls_varに値の「10」がintクラスのオブジェクトとして代入されてい

ます。この時点ですでに「クラス変数のオブジェクトが存在している」のでクラス名を書くだけでアクセスできたのです。

もちろんクラスメソッドも同じです。なので「クラス名.クラス変数」「クラス名.クラスメソッド()」でそれぞれを参照できます。

◆ クラス定義とメソッド、インスタンス変数、クラス変数

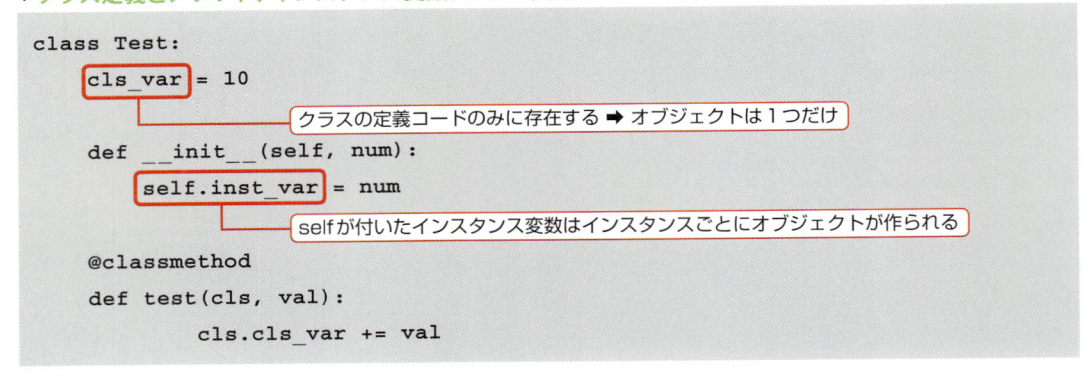

```
class Test:
    cls_var = 10

    def __init__(self, num):
        self.inst_var = num

    @classmethod
    def test(cls, val):
            cls.cls_var += val
```

クラスの定義コードのみに存在する ➡ オブジェクトは1つだけ

selfが付いたインスタンス変数はインスタンスごとにオブジェクトが作られる

いろいろやってきましたけど、レイって何気に地味ですよね。インタラクティブシェルでのやり取りだからですよ、きっと。

ずーっとCUIベースでやってきたからネ。てことで、次章ではついにレイをGUI版に昇華させるヨ。

## Chapter 7

GUI版ボット「レイ」の作成

01 これから作るプログラムの内容確認と辞書クラスの作成

前章では、「クラス」についてあれこれ学んできました。そうしたのもGUI版ボット「受験生レイ」の開発に必要になるからでした。

さっそくGUIを備えた「レイ」の開発に取りかかってもらおうかナ。

先に説明したようにGUIを表示するモジュールのほかにクラスを定義したモジュールがいくつか必要になるから、これを一覧にまとめてみた。いろいろあるけど、モジュールやクラスを1日1個のペースで作ってもらうから焦らないでネ。

GUI版ボット「レイ」に必要なモジュール、クラス

●GUIを表示するモジュール（ray_form.py）

- ・質問（問題）を入力するためのエリアと入力ボタン、レイの応答を表示するスペースを配置。
- ・Rayクラスのオブジェクトを生成。
- ・ボタンクリックでRayクラスのdialogue()メソッドを実行し、返ってきた応答を画面に表示。

●レイの本体クラスを定義するモジュール（ray.py）

● Rayクラス（レイの本体クラス）

● __init__()メソッド

- ・辞書クラス（HistoryResponder）のオブジェクトを生成。
- ・応答クラス（HistoryResponder）のオブジェクトを生成。
- ・学習クラス（StudyHistoryResponder）のオブジェクトを生成。

● dialogue()メソッド

- ・Responderクラスのresponse()メソッドを呼び出して応答（質問に対する答え）を取得する。

● save()メソッド

- ・Dictionaryクラスのsave()メソッドを呼び出し、ファイルへの書き込みを行う。

●応答クラスを定義するモジュール（responder.py）

● Responder クラス

responder モジュールのクラスのもとになるクラス。

● HistoryResponder クラス

世界史の問題に答えるクラス。

● response() メソッド

- ・質問された内容を辞書オブジェクトから検索し、応答（質問に対する答え）を作る。

● StudyHistoryResponder クラス

世界史を学習するクラス。

● response() メソッド

- ・質問に答えられなかった場合に、質問とその答えを辞書オブジェクトに登録する。

●レイの知識（辞書）クラスを定義するモジュール（dictionary.py）

● Dictionary クラス

● __init__() メソッド

- ・オブジェクトの生成時に load_history() メソッドを呼び出す。

● load_history() メソッド

- ・テキストファイルに保存した想定問答を辞書オブジェクトに読み込む。

● save() メソッド

- ・プログラムの終了時に辞書オブジェクトの内容をファイルに書き込む。

◆ プログラムのイメージ

GUIモジュール	レイのモジュール	応答モジュール	辞書モジュール
（ray_form.py）	（ray.py）	（responder.py）	（dictionary.py）

世界史の知識を記録した「world_history.txt」

うわ、4つのモジュールに5つのクラス、それにGUIのモジュールで画面表示のためにいろいろやらなきゃならないみたいですね。

ふむふむ、さしあたって世界史の問題を出してそれに答えられるようにするんですね。

そうだね、まずは世界史について一問一答式で答えられるようにしよう。

そのために、以前やった英単語のときのように辞書となるファイルを作っておいたヨ。このファイルを辞書オブジェクトに読み込んで、質問に対する答えを検索して応答するというわけだね。項目の数はプログラムを作成したあとでいくらでも増やせるから、まずはこの内容でスタートしよう（ファイルの保存時にエンコードを「utf-8」にしておくのを忘れずに）。

◆ 世界史に関する一問一答を収録したファイルの中身（world_history.txt）

古代ギリシャの植民市	ビザンティウム（イスタンブール）、ネアポリス（ナポリ）、マッサリア（マルセイユ）
古代ギリシャの三大悲劇詩人	アイスキュロス、ソフォクレス、エウリピデス
シェイクスピアの四大悲劇	オセロ、マクベス、リア王、ハムレット
ローマ帝国の五賢帝	ネルヴァ、トラヤヌス、ハドリアヌス、アントニヌス・ピウス、マルクス・アウレリウス・アントニヌス
カースト制度の身分	バラモン、クシャトリア、ヴァイシャ、シュードラ
ロシアの歴代大統領は	エリツィン（初代）、プーチン（2代,4代）、メドヴェージェフ（3代）
世界四大文明	エジプト文明、メソポタミア文明、インダス文明、黄河文明
三国志の三国	魏（ぎ）、呉（ご）、蜀（しょく）
ルネサンス期の三大発明	火薬、羅針盤、活版印刷
世界三大美女	クレオパトラ7世、楊貴妃（ようきひ）、ヘレネ
三国時代の三国	高句麗（こうくり）、百済（くだら）、新羅（しらぎ）

ファイルを読み込むDictionaryクラスの load_history() メソッド

ということは、まずDictionary クラスから作っていくわけですね。プログラムの起点になるGUI モジュールからの方がわかりやすそうですが、いちばん下のレベルというか、末端の処理となる辞書オブジェクトからということは「ボトムアップ」方式ですか。

何かを組み立てるときは基本となる部品が必要だから、部品から作っていく方がわかりやすいと思うヨ。

で、Dictionaryクラスでは、load_history() メソッドでファイルの中身を読み込んで辞書オブジェクトにするわけだけど、このメソッドは__init__() メソッドから呼び出すことにしよう。Dictionaryをインスタンス化すれば辞書オブジェクトも同時に出来上がるようにするんだね。

それから、辞書オブジェクトはDictionary オブジェクトのインスタンス変数にして、ほかのモジュールから参照できるようにしといてネ。

ではdictionaryモジュールを作ってみますか。前に英単語のところでファイルの中身を辞書オブジェクトにしましたので、あの要領でload_history() メソッドを作ればいいですね。

それから__init__() メソッドで load_history() を呼び出す部分だけど、クラス内部でメソッドを呼ぶときは「self. メソッド名()」のように書いてネ。でないと「実行もとのオブジェクトがありません」というエラーになってしまうから。Pythonのルールとして覚えといてネ。

メソッドを呼ぶときもインスタンス変数を使うときも「self」を忘れずにってことですね。では、Dictionaryクラスを作って__init__()とload_history() メソッドを定義してみます。

◆ **Dictionaryクラスの__init__()メソッドとload_history()メソッドを定義**（dictionary.py）

```python
class Dictionary:
    def __init__(self):
        """ 辞書オブジェクトを作成
        """
        self.load_history()    # load_history()メソッドを呼び出す

    def (self):
        """ ファイルを読み込み、世界史の辞書オブジェクトを作成
        """
        with open('data/world_history.txt', 'r', encoding = 'utf_8'
```

```
        ) as file:
        # 1行ずつ読み込んでリストにする
        lines = file.readlines()        ──────①
    # 末尾の改行を取り除いた行データを保持するリスト
    new_lines = []
    # ファイルデータのリストから1行データを取り出す
    for line in lines:
        # 末尾の改行文字(¥n)を取り除く
        line = line.rstrip('¥n')        ──────②
        # 空文字をチェック
        if (line!=''):
            # 空文字以外をリストnew_linesに追加
            new_lines.append(line)      ──────③
    # 行データの単語とその意味を要素にするリスト
    separate = []
    # 末尾の改行を取り除いたリストから1行データを取り出す
    for line in new_lines:
        # タブで分割して質問と答えのリストを作る
        sp = line.split('¥t')           ──────④
        # リストseparateに追加する
        separate.append(sp)             ──────⑤
    # 「質問：答え」のかたちで辞書オブジェクトにする
    self.history = dict(separate)       ──────⑥
```

　ファイルを読み込み辞書オブジェクトにする処理は前にも作りましたので、わりとすんなりできました。ファイルをオープンし、❶で中身を1行ずつ読み込んでリストにしますが、リストの中身は次のようになるはずです。

　もし、ファイルの中に空行があれば、そのまま改行文字として読み込まれます。

◆ ファイルを読み込んだ直後のリスト lines の中身

```
[
  '世界三大美女¥tクレオパトラ7世、楊貴妃(ようきひ)、ヘレネ¥n',
  '¥n',          ────── ファイルに空行が含まれていればそのまま読み込まれる
  '三国時代の三国¥t高句麗(こうくり)、百済(くだら)、新羅(しらぎ)¥n',
  '¥n',          ────── ファイルに空行が含まれていればそのまま読み込まれる
  'シェイクスピアの四大悲劇¥tオセロ、マクベス、リア王、ハムレット¥n',
  'カースト制度の身分¥tバラモン、クシャトリア、ヴァイシャ、シュードラ¥n',
  ......
]
```

正誤表

『はじめての PythonAI プログラミング』
(978-4-7980-4485-9：第1版第1刷2016年11月刊)

●下記のとおり、誤りがありましたことを、この場を借りて
お詫び申し上げます。

㈱秀和システム

ページ	修正箇所　※赤字は修正箇所です。	×	○
29P	「キモになる値には~」2段5行目	~「住所は秀尊研究所です」~	~「住所はパイソン研究所です」~
35P	表「算術演算子の種類」の説明、最下段	a の b 場を求める。	a の b 乗を求める。
37P	本文1段6行目	~押すと「10」表示されます。~	~押すと「10」が表示されます。~
38P	「◆ float 型を int 型に変換する」コード内2行目	100.0 ー小数点以下が含まれる	18 ー小数点以下が切り捨てられる
39P	「◆ int 型を float 型に変換する」コード内2行目	100	100.0 ー小数点以下が含まれる
43P	「●小数点を含む値以上の最小の~」1行目	~、x 以上でなおかつ最小~	~、x より大きくてなおかつ最小~
	「●余弦（コサイン）~」見出し	●余弦（コサイン）…math.cos(x)（原文）	●余弦（コサイン）…math.cos(x)
	「●平方根を求める~」見出し	●平方根を求める…sqrt(x)	●平方根を求める…math.sqrt(x)
54P	「Python の比較演算子」表の例、下から3行目	a is b	a is not b
59P	「◆実行結果」コード内4行目	底とする値は? -->256　－「256：」と入力	底とする値は? -->256　－「256」と入力
60P	左段下から2行目	~文字列を5回、~	~文字列を3回、~
	左段下から4行目	「5より小さい場」	「3より小さい間」
61P	「◆ while による処理の流れ」	「counter < 5」	「counter < 3」
		2回目：counter の値は 2 なので	2回目：counter の値は 1 なので
		3回目：counter の値は 3 なので	3回目：counter の値は 2 なので
64P	「◆「OK」と入力~」コード内6行目	if (problem == 'OK' ──❶	if (problem == 'OK') ──❶
71P	「◆「*整数」で面前の文字列を繰り返す」コード内の引き出し説明	－「* 4」で「ようこそ」を4回繰り返して改行 －「* 8」で「！」を3回繰り返して改行 － a、b、c の文字列を連結して表示	－「* 4」で「ドくく」を4回繰り返して改行 －「* 3」で「ド‡キ」を3回繰り返して改行 － start、middle、end の文字列を連結して表示
72P	本文2段4、6、7行目	~「Edison」と入力~ ~「Picaeso」と入力~ ~「Socrates」と入力~	~「エジソン」と入力~ ~「ピカソ」と入力~ ~「ソクラテス」と入力~
73P	「文の中から必要な~」本文1段1行目	ブランケット [ ] を使うと~	ブラケット [ ] を使うと~ (以下本文中「ブラケット」)
75P	「◆先頭から任意の位置まで~」コード内5行目	`sing`	`sing`
80P	「●末尾が「~ir」「~er」「~ur」の動詞には~」の見出しと「●末尾が「母音+子音」の動詞は~」の見出しの間	st[ir] → stir[red]　pref[er] ~	st[ir] → stir[red]　pref[er] ~ ⑦末尾が「長母音+子音」の動詞には「ed」を付ける ⑧末尾が「母音+子音」の動詞は~
	「❻~❾の見出し」	⑧末尾が「母音+子音」の動詞は~ ③例外的に扱う動詞（その1）~ ④例外的に扱う動詞（その2）~ ⑤その他の動詞に「ed」を~	⑨末尾が「母音+子音」の動詞は~ ⑨例外的に扱う動詞（その1）~ ⑩例外的に扱う動詞（その2）~ ⑪その他の動詞に「ed」を~
	「❾その他の動詞には「ed」を付ける。」囲み内	walk → walk[ed]　　want → want[ed] play → play[ed]　　rain → rain[ed] need → need[ed]　　look → look[ed] listen → listen[ed]　visit → visit[ed]	walk → walk[ed]　　want → want[ed] play → play[ed]　　rain → rain[ed] look → look[ed]
86P	「❻「母音+子音」で終わる」見出し	❻「母音+子音」で終わる~	❻「短母音+子音」で終わる~
88P	「❶ elif present[-1:]~」見出し	~[-1 :] == '?' ~	~[-1 :] == 'e'. ~
92P	❻の見出し	❻末尾が「母音+子音」の動詞には「ed」を付け	❻末尾が「長母音+子音」の動詞には「ed」を付ける
92P	上のコード内6行目の引き出し説明	ー最後の子音字と ed を付ける（過去形の❻）	ー最後の子音字と ed を付ける（過去形の❻）
95P	コード内、下から16~17行目の間	past = present + present[-1] + 'ed' # 「母音+子音」は子音字を重ねて ed を付ける	# 「長母音+子音」は ed を付ける❻ elif (present[-3] == 'a' or ¥ 　　present[-3] == 'i' or ¥ 　　present[-3] == 'u' or ¥ 　　present[-3] == 'e' or ¥ 　　present[-3] == 'o') and¥ 　(present[-2] == 'a' or ¥ 　　present[-2] == 'i' or ¥ 　　present[-2] == 'u' or ¥ 　　present[-2] == 'e' or ¥ 　　present[-2] == 'o'): 　　past = present + 'ed' # 「母音+子音」は子音字を重ねて ed を付ける❻

ページ	修正箇所 ※赤字は修正箇所です。	×	○
99P	書式「●format() メソッドで」の見出し	● format() メソッドで	● format() メソッドで小数点以下の桁数を指定する
	「◆小数点以下を 3 桁で表示する〜」コード内 2 行目	0.937'	3.937'
101P	コード 3 行目	comp = input(' 補題 (C) は ?>')	comp = input(' 目的語 (O) は ?>')
102P	「◆実行結果」コード内 13 行目	補題 (C) は ? >programming・・	目的語 (O) は ? >programming・・
106P	書式「◆リストの要素にアクセスする」	変数名 = [インデックス]	変数名 [インデックス]
110P	「◆リストのリスト」コード内 2 行目	>>> mid-level = ['成績 ',' 成城 ',' 明治学院 ']	>>> ssmg = ['成績 ',' 成城 ',' 明治学院 ']
	コード内、最下段の引き出し説明	先頭要素のリスト attacks1 を参照	先頭要素のリストを参照
111P	「◆リストに別のリストの〜」コード 3 行目引き出し説明	ーリスト ssmg に dkm の要素を追加する	ーリスト midleve_1 に midleve_2 の要素を追加する
	「◆インデックスで指定した位置に〜」書式の見出し	◆ extend() メソッドの書式	◆ insert() メソッドの書式
119P	本文 1 段下から 1 行目	〜。あとは❷の〜	〜。あとは❷以下のプログラム〜
120P	「第 3 文型のパターンで作文する」本文 3 段 2 行目	〜第 3 文型以降は an とか〜	〜第 3 文型以降は am とか〜
126P	「そもそも関数ってなに?」本文 1 段下から 3 行目	〜を修正したり加増したりといった〜	〜を修正したり追加したりといった〜
141P	「◆ 3 つの名を織り交ぜて〜」コードの見出し	〜 (sayings_alternate1.py)	〜 (sayings_alternate2.py)
142P	「◆ 4 つの名をランダムに〜」コードの見出し	〜 (sayings_alternate1.py)	〜 (sayings_random.py)
143P	「● random.randint() メソッド」本文 2 段 1 行目	〜によって繰り返す攻撃の確率が〜	〜によって繰り返す名言の確率が〜
148P	「まずは for ループの 1 回目〜」本文 1 段下から 2 行目	⑤では「while temp 〜	④では「while temp 〜
153P	「◆ 2 要素のタプルのリスト〜」コード内 2 行目	>>> old_writings = dict(list_list)	>>> old_writings = dict(list_tuple)
157P	「● items() メソッド」本文 2 行目	〜リストを dict_values オブジェクトに〜	〜リストを dict_items オブジェクトに〜
170P	「◆辞書のすべての〜」コード内 6 行目	print(type(key_val))	削除
	点線囲み内⑤	⑤ if(line!=") で line の中身から文字でないか調べる	⑤新しいリストに line を要素として追加する
176P	「◆同じ名前のグローバル変数と〜」コード内下から 2 行目の引き出し説明	ー⑤グローバル変数の値に 100 を加算	ー⑤グローバル変数の値に 200 を加算
193P	「◆オブジェクトとクラス」本文 2 段 1 行目	〜 str 型には set 型専用のメソッド、〜	〜 str 型には str 型専用のメソッド、〜
198P	「◆ Mihael クラスの〜」のタイトル	Mihael クラスの〜	Tutor クラスの〜
	書式「◆メソッドを定義する」1 行目	def メソッド名 (self, パラメーター 2,...):	def メソッド名 (self, パラメーター ,...):
199P	「◆ Mihael オブジェクトの〜」のタイトル	Mihael オブジェクトの 〜	Tutor オブジェクトの 〜
250P	「◆ [英語 (単語)] アイテムを配置」コード内 4 行目の引き出し説明	ーアイテムが持つ値を 0 にする	ーアイテムが持つ値を 1 にする
259P	「◆グローバル変数にするための記述」コード内 2 行目	global entry, response_area, lb, action	global entry, response_area, action
267P	「◆ run() 関数内部のメニュー〜」コード内下から 3 行目のコメント	# アイテムの値を 0 にする	# アイテムの値を 1 にする

❷で行の末尾の改行文字 (¥n) を取り除きます。その結果、空行があれば'¥n'から"のように空文字になるので、❸で空文字以外をリスト

new_linesに追加していきます。forループが終了すれば、リストの中身は次のようになるはずです。

◆末尾の改行文字を取り除き、空文字も除いたリスト new_lines

```
[ '世界三大美女¥tクレオパトラ7世、楊貴妃（ようきひ）、ヘレネ',      ——— 末尾の改行文字がない
  '三国時代の三国¥t高句麗（こうくり）、百済（くだら）、新羅（しらぎ）',
  'シェイクスピアの四大悲劇¥tオセロ、マクベス、リア王、ハムレット',
  'カースト制度の身分¥tバラモン、クシャトリア、ヴァイシャ、シュードラ',
  ‥‥‥‥
]
```

❹ではリストnew_linesから行データを1つずつ取り出し、タブで分割し、問題と答えを要素にしたリストを作ります。

◆問題と答えを要素にしたリスト sp

```
[ '世界三大美女' ,  'クレオパトラ7世、楊貴妃（ようきひ）、ヘレネ' ]
```

❺でリストseparateに追加するので、forループが終了した時点でseparateの中身は次のようになります。

◆リスト separate の中身

```
[
  [ '世界三大美女' ,  'クレオパトラ7世、楊貴妃（ようきひ）、ヘレネ' ],
  [ '三国時代の三国' ,  '高句麗（こうくり）、百済（くだら）、新羅（しらぎ）' ],
  [ 'シェイクスピアの四大悲劇' ,  'オセロ、マクベス、リア王、ハムレット' ],
  [ 'カースト制度の身分' ,  'バラモン、クシャトリア、ヴァイシャ、シュードラ' ],
  ‥‥‥‥
]
```

これをdict()関数で一気に「問題：答え」の辞書にしてインスタンス変数self.historyに代入します。❻の部分です。これで次のような辞書オブジェクトが出来上がります。

◆ 辞書 self.history の中身

```
{
  '世界三大美女'：'クレオパトラ7世、楊貴妃（ようきひ）、ヘレネ'，
  'シェイクスピアの四大悲劇'：'オセロ、マクベス、リア王、ハムレット'，
  'カースト制度の身分'：'バラモン、クシャトリア、ヴァイシャ、シュードラ'，
  '三国志の三国'：'魏（ぎ）、呉（ご）、蜀（しょく）'，
  ......
}
```

:::: 辞書オブジェクトをファイルに書き込む save() メソッド

プログラムの実行中に質問に答えられなかった場合は、答えを入力してもらってそれを学習する。

質問をキー、答えをその値としてその場で辞書オブジェクトに登録するわけだけど、プログラムを終了したら消えてしまわないようにファ

イルに書き込む処理を行うのがsave() メソッドだヨ。

次は、辞書オブジェクトをファイルに書き込むメソッドですね。

◆ Dictionary クラスの save() メソッド （dictionary.py）

```python
class Dictionary:
    def __init__(self):
    ......省略.......
    def load_history(self):
    ......省略.......

    def save(self):
        """ self.historyの内容を加工してファイルに書き込む
        """
        # 行データを要素として代入するリスト
        write_lines = []
        # 辞書のキーをkey、値をvalに格納
        for key, val in self.history.items():                    ❶
            # 「問題\t答え\n」の行データを作る
            write_lines.append(key + '\t' + val + '\n')           ❷
        # 書き込みモードでファイルをオープンし、write_linesの要素を書き込む
        with open('data/world_history.txt', 'w', encoding = 'utf_8') as f:
            f.writelines(write_lines)
```

辞書オブジェクトself.historyに対してitems()メソッドを実行し、すべてのキーと値を取り出します（❶）。キーはkey、値はvalに代入されるので、❷でタブ文字と改行文字を加えて1行データを作成し、リストwrite_linesに追加していきます。

処理が完了すれば、write_linesの中身は次のようになるはずです。

◆ リスト write_lines の中身

```
[
  '世界三大美女¥tクレオパトラ7世、楊貴妃 (ようきひ)、ヘレネ¥n',
  'シェイクスピアの四大悲劇¥tオセロ、マクベス、リア王、ハムレット¥n',
  'カースト制度の身分¥tバラモン、クシャトリア、ヴァイシャ、シュードラ¥n']
  '三国志の三国¥t魏 (ぎ)、呉 (ご)、蜀 (しょく)¥n',
  ・・・・・・
]
```

あとは、書き込みモードでファイルを開き、writelines()メソッドでリストwrite_linesの要素を1行データとして書き込めば完了です。

このあと、dictionaryモジュールを単体で実行するための実行ブロックを組み込んでもらって、すぐにテストできるようにしてもらうおうかネ。

プログラムの実行ブロックを追加してDictionaryクラスを完成させる

これでDictionaryクラスの完成だ。あとは、例の「if __name__ == '__main__':」のブロックを作って、Dictionaryクラスのインスタンス化とdictionary.historyの表示、save()メソッドを実行するコードを書いておくといいヨ。

そうすればdictionaryモジュールを単体で起動してプログラムのテストができるから何かと便利だヨ。

そうですか、単体で実行できるようにしておくのですね。

◆ **Dictionaryクラスに実行ブロックを追加（dictionary.py）**

```
class Dictionary:
    def __init__(self):
    .....省略.......
    def load_history(self):
    .....省略.......

    def save(self):
    .....省略.......
#===================================================
#  プログラムの実行ブロック
#===================================================
if __name__ == '__main__':

    dictionary = Dictionary()       #  辞書オブジェクトDictionaryを生成
    print(dictionary.history)       #  辞書オブジェクトの中身を出力
    dictionary.save()               #  ファイルへの書き込みを行う
```

IDLEの[Run] → [Run Module]を選択すれば、Dictionaryオブジェクトのインスタンス変数 history の中身がインタラクティブシェルに出力されるはずです。

dictionary.history

02 クラスを「カプセル化」して内部を保護しよう

クラスを作れば、インスタンス化してオブジェクトを作り、内部のインスタンス変数やメソッドを自由に使えますが、無制限にアクセスされると困ることもあるようです。

Pythonでは、プログラマーが行儀よくふるまうのが前提になっているから、すべての属性（変数）やメソッドが外部に対して公開されていて、自由に使えるようになっている。でも、「インスタンス変数に直接アクセスされるのは不安だ」という場合や、「そもそもインスタンス変数はクラスの内部でしか使わない」ということがある。

こんなときは、クラスの中身を「非公開」にできるんだけど、非公開にするとクラスの存在自体に意味がなくなる。そこで、Pythonには「プロパティ」という「間接的に」アクセスできる仕組みが用意されているのネ。前にTutorクラスってのを作ってもらったけど、あれを使って説明しようかナ。

▒▒ インスタンス変数へのアクセスはすべてプロパティ経由にする

「炎の家庭教師」、再び登場です。で、Tutorクラスの2つのインスタンス変数を、そのプロパティとやらを使ってアクセスするように書き換えるんですか、博士？

そう、インスタンス変数へのアクセスをプロパティ経由にしたのがこれ。

今回は、__init__()メソッドの内容も少し書き換えて、パラメーターにデフォルト値を設定するようにしたヨ。

◆ プロパティを使ってインスタンス変数にアクセスする（tutor_property.py）

```
class Tutor:
    def __init__(self, max=5, count=0):
        self.__max = max ─────────────────────❶
        self.__count = count ─────────────────❶


    # __maxのゲッター
    def get_max(self): ───────────────────────❷
        return self.__max
```

```
        # __countのゲッター
        def get_count(self):                          ──────② 
            return self.__count


        # __maxのセッター
        def set_max(self, max):                       ──────③ 
            self.__max = max
        # __countのセッター
        def set_count(self, count):                   ──────③ 
            self.__count = count


        # maxプロパティの定義
        max = property(get_max, set_max)              ──────④ 
        # countプロパティの定義
        count = property(get_count, set_count)        ──────④ 


        def teach(self):
            if self.count < self.max:
                print('いつやるの？今でしょ！')
            else:
                print('よーし続きは明日だ')
            self.count += 1


#==================================================
# プログラムの起点
#==================================================
if __name__ == '__main__':

    tu = Tutor()
    tu.max = 2          ─────── maxプロパティの値を2にする
    for i in range(3):
        print('この単語も覚えなきゃダメ？')
        tu.teach()
```

◆実行結果

```
この単語も覚えなきゃダメ？
いつやるの？今でしょ！
この単語も覚えなきゃダメ？
いつやるの？今でしょ！
この単語も覚えなきゃダメ？
よーし続きは明日だ ──────── 3回繰り返すと表示される
```

❶ダブルアンダースコアによる隠ぺい

　__maxと__countが新しいインスタンス変数です。変数名やメソッド名の前にダブルアンダース コア（__）を付けると、外部からアクセスできないようになります。これを**隠ぺい**とか**カプセル化**な どと呼びます。

◆ダブルアンダースコアによる隠ぺい

```
self.max  →  self.__max      ──────── tu.__maxと書いてもアクセスできない

self.count → _self._count    ──────── tu.__countと書いてもアクセスできない
```

❷～❸インスタンス変数のゲッターとセッターの定義

　外部から隠しただけでは意味がないので、アクセスする手段を用意します。ゲッターは変数の値を 取得するためのメソッドで、セッターは値を設定するためのメソッドです。

　名前は何でもいいのですが、わかりやすいようにget_変数名()、set_変数名()とするのが一般的 です。

◆ゲッターの書式

書式	def get_変数名(self) 　　return self.インスタンス変数名

◆セッターの書式

書式	def set_変数名(self, パラメーター): 　　self.インスタンス変数名 = パラメーター

❹ プロパティの定義

　__maxと__countにアクセスするためのプロパティをproperty()関数で定義します。

◆ プロパティの定義

書式	プロパティ名 = property(ゲッター名, セッター名)

　property()はビルトインの関数で、ゲッター／セッターの情報を持つプロパティオブジェクトを返します。次のように書くことで、get_max()とset_max()を呼び出す機能を持ったmaxプロパティが作成されます。

◆ maxプロパティの定義

```
max = property(get_max, set_max)
```

　以上で2つのプロパティが用意できました。

　一方、メソッドの中身は変わってませんが、self.countとself.maxは、共にプロパティを参照しています。インスタンス変数ではありません。

> countプロパティを参照するとget_count()が呼ばれて
> self.__countの値が返される

```
def teach(self):
    if self.count < self.max:
        print('いつやるの？今でしょ！')
    else:
        print('よーし続きは明日だ')
    self.count += 1
```

> maxプロパティを参照するとget_max()が呼ばれて
> self.__maxの値が返される

> countプロパティに値を代入するとset_count()が呼ばれて
> self.__countに代入される

　ということで、インスタンス変数__max、__countにはすべてプロパティ経由でのアクセスになりました。

　Michaelオブジェクトを生成して、インスタンス変数に値をセットする場合は次のように書かなくてはなりません。

```
tu = Tutor()
tu.max = 2
```

> maxプロパティに値を代入するとセッター経由で
> __maxに格納される

で、プロパティを使うことに意味はあるんですか？

プロパティを使うことで、外部からはすべてゲッター／セッターを経由してのアクセスになったネ。でも、「プロパティを使えばアクセスできるから結局は同じじゃない？」という気もしないでもない。「インスタンス変数を直接操作されるのは避けたい」ということもある。

今回の場合は、__maxも__countもプロパティ経由で値を設定できるので、__countの値を1に書き換えて1回ズルすることもできるし、__maxの値を書き換えて'よーし続きは明日だ'を早い回で言わせることだってできる

けど、両方のセッターをなくしてしまえばそれができなくなる。ゲッターのみを用意して、プロパティは「読み取り専用にする」といった使い方ができるわけだね。

つまり、値を参照はできても書き換えることはできないようにするわけ。

また、クラス内部でしか使用しないインスタンス変数やメソッドは、最初からダブルアンダースコアを付けてアクセス不可にしておけば、間違ってアクセスするのを防ぐことができるんだネ。

Dictionaryクラスのインスタンス変数とload_history()メソッドを「カプセル化」する

というわけで、Dictionaryクラスのインスタンス変数self.historyをself.__historyにしてプロパティ経由でのアクセスにすることになりました。

また、load_history()メソッドは、__init__)メソッドから呼び出すだけですので、__load_history()にしてこれもカプセル化することにしましょうか。

◆ **インスタンス変数と一部のメソッドをカプセル化する**（**dictionary.py**）

```
class Dictionary:
    def __init__(self):
        """ 辞書オブジェクトを作成
        """
        self.__load_history()              ────── ❶カプセル化されたメソッドの呼び出し

    def __load_history(self):              ────── ❷ __load_history()にしてカプセル化
        """ ファイルを読み込み、世界史の辞書オブジェクトを作成
        """
        with open('data/world_history.txt', 'r', encoding = 'utf_8'
                ) as file:
            # 1行ずつ読み込んでリストにする
```

```
            lines = file.readlines()
        # 末尾の改行を取り除いた行データを保持するリスト
        new_lines = []
        # ファイルデータのリストから1行データを取り出す
        for line in lines:
            # 末尾の改行文字（¥n）を取り除く
            line = line.rstrip('¥n')
            # 空文字をチェック
            if (line!=''):
                # 空文字以外をリストnew_linesに追加
                new_lines.append(line)
        # 行データの単語とその意味を要素にするリスト
        separate = []
        # 末尾の改行を取り除いたリストから1行データを取り出す
        for line in new_lines:
            # タブで分割して質問と答えのリストを作る
            sp = line.split('¥t')
            # リストseparateに追加する
            separate.append(sp)
        # 「質問：答え」のかたちで辞書オブジェクトにする
        self.__history = dict(separate)━━━━self.━━━━━❸historyにしてカプセル化
def save(self):
    """ self.historyの内容を
        辞書ファイルに書き込む
    """
    write_lines = []
    for key, val in self.history.items():      ━━━━━━━❹プロパティ経由でアクセス
        write_lines.append(key + '¥t' + val + '¥n')
    with open('data/world_history.txt', 'w', encoding = 'utf_8') as f:
        f.writelines(write_lines)


# __historyのゲッター
def get_history(self):
    return self.__history
# __historyのセッター
def set_history(self, history):
    self.__history = history


# historyプロパティの定義
```

```
    history = property(get_history, set_history)
#======================================================
# プログラムの実行ブロック
#======================================================
if __name__ == '__main__':

    # 辞書オブジェクトDictionaryを生成
    dictionary = Dictionary()
    print(dictionary.history)        ——— historyプロパティで辞書にアクセス
    dictionary.save()
```

❶はカプセル化された__load_history()メソッドを呼び出しています。このメソッドには、外部から呼び出すことはできません。❷がその__load_history()メソッドです。

❸でこれまでのself.historyをself.__historyにしてカプセル化しました。このインスタンス変数に外部からアクセスするには、プロパティを使うしかありません。

❹はこれまでどおりself.historyでインスタンス変数にアクセスしています。ただし、実際にはhistoryプロパティを経由して__historyにアクセスしています。

何か大事になるかとドキドキでしたが、結構簡単に修正できました。

一応、これでDictionaryクラスのインスタンス変数はカプセル化され、プロパティ経由で安全に使えるようになったということですかね。

また、内部でしか使わない__load_history()メソッドもカプセル化されているので、誤ってどこかで呼び出して辞書オブジェクトを作ってしまう、ってことにもならないかと思います。

> インスタンス変数やら内部でしか使わないメソッドをカプセル化することで、ワタシの頭脳を守ってくれるってワケね♥

03 辞書を検索して応答を返す Responder クラス

レイの知識の源である辞書オブジェクトを扱うクラスが用意できたので、次は質問に答えるクラスの作成ですね。

さて、次に作ってもらうのは、質問に対する答え（応答）を作る部分だ。先に説明したように、これらの処理はResponderというクラスにまとめてくれるかね。

ただし、辞書オブジェクトを検索して質問に対する答えを作ったり、質問に答えられなかっ

た場合に質問とその答えを辞書オブジェクトに登録する処理があるんだけど、今回は「クラスの継承」という仕組みを使って、これらの処理をまとめてみてくれるかナ。その名も「継承とオーバーライド」としてワタシのマニュアルにまとめてあるから、まずは読んでみて。

継承とオーバーライド

Pythonに限らず、多くのオブジェクト指向言語には、あるクラスの定義内容をそのまま引き継いで別のクラスを作ることができる機能があり、その機能のことを**継承**と呼んでいます。

クラスAを受け継いだクラスBがあったとき「BはAを継承している」と表現され、Aのインスタンスでできたことは、Bのインスタンスでもできることが保証されます。AとBの継承

関係において、AはBの**スーパークラス**、BはAの**サブクラス**と呼ばれます。

◆ スーパークラスとサブクラス

> A スーパークラス
>
> ↑
>
> B サブクラスBはAを継承している

◆ クラスの継承

書式	class クラス名（継承するクラス名） ...クラスの内容...

クラスAを継承したサブクラスBを作るにはBのクラス定義を「class B(A):」とします。こうするとスーパークラスAを継承したサブクラスBが出来上がります。

228

サブクラスBをインスタンス化してオブジェクトを作れば、スーパークラスＡのメソッドやインスタンス変数を、このオブジェクトから自由に使うことができます。クラスの名前はBですが、クラスＡとまったく同じ「クローン」が作られたからです。

でも、同じものが作れるだけでは何の意味もありません。それなら最初からＡクラスのオブジェクトを使えばいいのですから。

そんなわけで継承には重要な点が一つあります。それは、サブクラスがスーパークラスの機能の一部、例えば、メソッドの中身を書き換え（再定義）できることです。スーパークラスの必要な部分はそのまま受け継ぎつつ、改良したいところだけ書き直すという、いわば「いいとこ取り」的なプログラミングができるようになるのが継承のメリットです。

⠿ スーパークラス Responder と 2 つのサブクラスを作る

なるほど、継承を行うとスーパークラスのメソッドなどを書き換えることができるんですね。でも、これと今回のResponderクラスとどういう関係があるんですか？

Responderクラスでは、辞書オブジェクトを検索して応答を作るメソッドと、答えられなかった質問とその答えを辞書オブジェクトに登録するメソッドが必要になるんだけど、どちらも必要とするのが辞書オブジェクトだ。

もちろん、それぞれのメソッドで辞書オブジェクトを取得するようにしてもいいんだけど、どうせなら1回で済ませたい。それに、「応答を返す」という基本的な部分は同じだから、わざわざ別々のメソッドを作るのも何だか無駄なように思えないかナ？

そこでResponderというスーパークラスを作る。このクラスには辞書オブジェクトを取得するための__init__()メソッドと応答を返すためのresponse()メソッドを定義する。

で、サブクラスはHistoryResponderとStudyHistoryResponderだ。それぞれのサブクラスでスーパークラスのresponse()メソッドを上書きして独自の機能を持たせる。つまり、こういうことだね。

◆Responder クラスと 2 つのサブクラス

```
# 応答クラスのスーパークラス
class Responder:
    # 辞書オブジェクトを取得してインスタンス変数に代入する
    def __init__(self, dictionary):
        self.__dictionary = dictionary──Responderオブジェクトを生成する際に辞書オブジェ
                                         クトが引数として渡されるので、これをインスタンス変数
                                         に代入する
```

```
    # 応答を返すオーバーライドを前提としたメソッド
    def response(self, input, what):
        return ''

# 世界史の問題に答えるサブクラス
class HistoryResponder(Responder):
        # 辞書を検索し、応答を作って返すメソッド
    def response(self, input, what):
        ...処理...

# 世界史を学習するサブクラス
class StudyHistoryResponder(Responder):
    # わからなかった質問とその答えを学習するメソッド
    def response(self, input, what):
```

Responderクラスのサブクラスをインスタンス化するのは、このあと作ってもらうRayクラスだ。

で、インスタンス化する際に辞書オブジェクトを引数にして渡すようにするから、Responderクラスの__init__()メソッドでは、パラメーターのdictionaryで受け取り、インスタンス変数のself.__dictionaryに代入する。これが初期化のための処理だ。

こうすることで、オーバーライドしたresponse()メソッドで辞書オブジェクトが使える

ようになるわけだね。

あと、response()メソッドには、selfのほかにinput、whatという2つのパラメーターがあるけど、inputは入力された質問を取得するためのもので、whatはわからなかった質問を取得するためのものだ。

オーバーライドするときはパラメーターを変えることはできないから、すべてのresponse()メソッドはselfを含めて3つのパラメーターを持つようになっているヨ。

◆Responderのサブクラスのインスタンス化

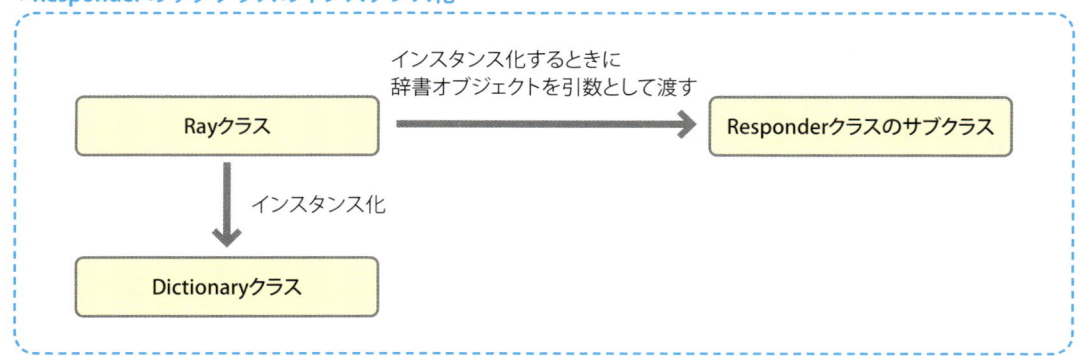

::: メソッドを上書きする「オーバーライド」

3つもクラスがあって余計に複雑にしているみたいですけど、__init__()メソッドがスーパークラスに1つしかないのと、メソッドの名前はすべてresponse()で統一しているのが斬新っていうか、何だか高度なテクニックっぽくてカッコいいですね。

スーパークラスのメソッドを独自に書き換えることを**オーバーライド**と呼ぶのネ。そうすると、こんなふうになる。

◆ 世界史の応答オブジェクト（HistoryResponder）を生成

```
self.res_history = HistoryRespondear(self.dictionary)
```

◆ 世界史の学習オブジェクト（StudyHistoryResponder）を生成

```
self.study_history = StudyHistoryResponder(self.dictionary)
```

どれもResponderクラスのサブクラスだから、インスタンス化を行うとResponderの__init__()メソッドで初期化の処理が行われる。

で、次のようにself.responderというインスタンス変数に応答オブジェクト、または学習オブジェクトのどちらかを代入したとする。

◆ self.responderに応答オブジェクトまたは学習オブジェクトを代入

```
self.responder =  self.res_history     ──────❶
self.responder =  self.study_history   ──────❷
```

このあとで「self.responder.response(input, what)」と書いた場合は、HistoryResponderクラス、StudyHistoryResponderのどちらかのresponse()メソッドが実行される。❶でself.res_historyを代入していた場合はHistoryResponderクラス、あるいは❷でself.study_historyを代入していればStudyHistoryResponderクラスのresponse()メソッドが実行されるというわけだね。

こんなふうに「self.responder.response(input, what)」とだけ書いておけば、self.responderの中身を入れ替えるだけで、response()メソッドを呼び分けられる。

このように、「呼び出す方法を1つにしてサブクラスのメソッドを呼び分ける」ことは**ポリモーフィズム**と呼ばれる。

なかなか便利な仕組みでしょ？

スーパークラス Responder を完成させる

まあ、確かに便利そうではありますが、それを実感するのはレイの本体クラスを作るときですかね。

まずは、スーパークラスのResponderを完成させちゃいましょう。

◆ **Responder、HistoryResponder、StudyHistoryResponder の定義 (responder.py)**

```python
from dictionary import *

# 応答クラスのスーパークラス
class Responder:
    # 辞書オブジェクトを取得してインスタンス変数に代入する
    def __init__(self, dictionary):
        self.__dictionary = dictionary        ──────❶


    # 応答を返すオーバーライドを前提としたメソッド
    def response(self, input, what):          ──────❷
        return ''


    # __dictionaryのゲッター
    def get_dictionary(self):
        return self.__dictionary
    # __dictionaryのセッター
    def set_dictionary(self, dictionary):
        self.dictionary = __dictionary
    # dictionaryプロパティの定義
    dictionary = property(get_dictionary, set_dictionary)
```

　__init__()メソッドの❶では、オブジェクトを生成するときに引数として渡される辞書オブジェクトをインスタンス変数self.__dictionaryに代入します。

　この__init__()メソッドは、サブクラスHistoryResponderやStudyHistoryResponderをインスタンス化するときに実行されるので、それぞれのオブジェクトを作ると、それぞれのself.dictionaryは辞書オブジェクトを保持している状態になると思います。

　それと、__dictionaryはカプセル化されるので、ゲッター／セッターを定義し、dictionaryというプロパティでアクセスできるようにしました。

　❷では、オーバーライドされることを前提としたresponse()メソッドを定義しています。

　このメソッドは実行されることがないので、処理としては空の文字列を返すだけにしてあります。

⊞ サブクラス HistoryResponder を完成させる

 次にサブクラスHistoryResponderですが、response()メソッドをオーバーライドするんですが、何すればいいんですか、博士？

 メソッドを呼び出すときに、入力された質問がパラメーターinputに渡されてくるから、この質問が辞書オブジェクトの辞書（historyプロパティ

でアクセス）のキーとして存在するかを調べるのネ。キーがあれば、その値が答えってっことだから、これを戻り値として返すようにすればOKだヨ。

 では、答えがあればそれを戻り値に、答えがなければ'わかんないよ〜答えを教えて！'を戻り値にすることにします。

◆ **サブクラス HistoryResponder**（responder.py）

```
class Responder:
    ...省略...


# 世界史の問題に答えるサブクラス
class HistoryResponder(Responder):
    # 辞書を検索し、応答を作って返すメソッド
    def response(self, input, what):                ──── ❶ response()をオーバーライド
        if input in self.dictionary.history:                        ──── ❷
            return '「' + self.dictionary.history[input] + '」だよ'  ──── ❸
        else:
            return('わかんないよ〜答えを教えて！')                    ──── ❹
```

HistoryResponderクラスの❶では、スーパークラスのresponse()メソッドをオーバーライドして独自の処理を書いています。

❷では、Dictionaryクラスのhistoryプロパティを使って辞書オブジェクトの中に答えがあるかを調べます。辞書オブジェクトself.dictionaryのhistoryプロパティは、「質問：答え」の形式の辞書を参照します。パラメーターのinputには入力された質問が渡されるということですので、辞書のキーにinputの文字列が

あるかを調べるようにしているというわけです。

❸は、inputの文字列が辞書の中にあった場合の処理です。self.dictionaryで辞書オブジェクトを参照し、history[input]で辞書の要素からinputをキーとする値の部分を取り出し、応答の文字列を作ってこれを戻り値として返します。

❹は辞書のキーにinputが存在しなかった場合の処理です。'わかんないよ〜答えを教えて！'を戻り値として返します。

サブクラス StudyHistoryResponder を完成させる

 今度は学習用のStudyHistory Responderクラスですが、学習といってもどうやるんですか？　質問はinputでわかりますけど肝心の答えがありませんよ、博士？

 実は、ここで定義してもらうresponse()メソッドは、HistoryResponderのresponse()が'わかんないよ～答えを教えて！'を返したときに呼ばれるんだナ。呼び出しの仕組みはこのあとで作るRayクラスで定義するんだ。

StudyHistoryResponderのresponse()呼び出された時点で、わからなかった質問がwhatに、その答えがinputに渡されるから、これをそのまま「キー：値」として辞書historyに登録すればいいヨ。

● 質問を入力する

HistoryResponderのresponse()を実行して応答を返す

● 'わかんないよ～答えを教えて！'が返されたとき　　● 答えがあればそのまま応答として表示

答えを入力してもらい、それを引数inputとしてStudyHistoryResponderのresponse()を実行、直前に入力された質問も引数whatとして渡す

StudyHistoryResponderのresponse()
・入力された答えがパラメーターinputに渡される
・直前に入力された質問がパラメーターwhatに渡される

whatをキーに、inputをその値として辞書historyに登録する

 へえ、そんな仕組みをRayクラスで作るんですね。では、StudyHistoryResponderでは辞書に登録する処理だけを書いておきますよ。

GUI版ボット「レイ」の作成

◆ サブクラス StudyHistoryResponder（responder.py）

```
class Responder:
    ...省略...
class HistoryResponder(Responder):
    ...省略...
class StudyHistoryResponder(Responder):
    def response(self, input, what):          ——————❶response()をオーバーライド
        self.dictionary.history[what] = input ——————❷
        return '学習したよ～'
```

　❶でスーパークラスのresponse()メソッド
をオーバーライドしています。入力された答え
をinput、直前に入力された質問をwhatの各
パラメーターで取得し、❷でキーをwhatに指
定して、その値をinputとして辞書オブジェク
トが保持する辞書historyに登録します。

⠿ 実行ブロックを作ってテストしてみる

　　　最後に実行ブロックを作って、
モジュール単体でテストできるよ
うにしておきましょうか。

◆ 実行ブロックを作る（responder.py）

```
from dictionary import *    ←実行ブロックを実行できるようにdictionaryをインポートしておきます

class Responder:
    ...省略...
class HistoryResponder(Responder):
    ...省略...
class StudyHistoryResponder(Responder):
    ...省略...
#===================================================
#  プログラムの実行ブロック
#===================================================
if __name__  == '__main__':

    # 辞書オブジェクトDictionaryを生成
    dictionary = Dictionary()
```

```
# HistoryResponderのオブジェクトを生成
responder = HistoryResponder(dictionary)
# 質問を設定してresponse()メソッドを実行
ans = responder.response('世界四大文明', '')        ——— 2つ目の引数は空文字
#応答を表示
print(ans)                                         ——— ❶

# StudyHistoryResponderのオブジェクトを生成
study_resp = StudyHistoryResponder(dictionary)
# キーと値を辞書に登録する
ans = responder.response('ディアドコイ', 'アレクサンドロス大王の後継者')
# 登録後の辞書を表示
print(dictionary.history)                          ——— ❷
```

◆ ❶の実行結果

「エジプト文明、メソポタミア文明、インダス文明、黄河文明」だよ——— 答えが返ってきた

◆ ❷の実行結果

{'三国時代の三国':'高句麗（こうくり）、百済（くだら）、新羅（しらぎ）',
 'シェイクスピアの四大悲劇':'オセロ、マクベス、リア王、ハムレット',
 '三国志の三国':'魏（ぎ）、呉（ご）、蜀（しょく）', ...}

　うまくいったようです。さて、次回は今回作
成した応答クラスを呼び分ける、レイの頭脳と
もいえる本体クラスを作るんですよね、博士。

次回はワタシの司令塔みたい
なものを作るのね。
え？　頭脳？

04 レイの頭脳、Rayクラスを作成する

いよいよレイの頭脳ともいうべきRayクラスの作成です。辞書クラスのオブジェクトを生成し、応答クラスのオブジェクトを使って応答を作るみたいです。

レイの本体クラスRayを作ってもらうんだけど、どんな処理を作るのかをもう一度整理しておこう。ま、応答クラスや辞書クラスをしっかり作り込んであるから、大したことをやるわけじゃないけど、オブジェクトの生成や応答の作成、ファイルへの書き込みなどのプログラムの根幹となる処理をここで行うわけだ。言ってみればレイの頭脳にあたるのがRayクラスなんだネ。

● **Rayクラス**

● **__init__()メソッドの処理**

> ・辞書クラス（HistoryResponder）のオブジェクトを生成。
>
> ・応答クラス（HistoryResponder）のオブジェクトを生成。
>
> ・学習クラス（StudyHistoryResponder）のオブジェクトを生成。

● **dialogue()メソッドの処理**

> ・Responderクラスのresponse()メソッドを呼び出して応答（質問に対する答え）を取得する。

● **save()メソッドの処理**

> ・Dictionaryクラスのsave()メソッドを呼び出し、ファイルへの書き込みを行う。

⠿ 応答クラスや辞書クラスのインポート

さて、クラスの名前はRayと決まりましたので、「ray.py」というモジュールを作成し、「responder.py」や「dictionary.py」と一緒のフォルダーに保存しておきます。

もちろん、辞書ファイルを収めた「data」フォルダーも同じ場所にあります。

Rayクラスでは、responderモジュールとdictionaryモジュールを使うから、あらかじめインポートしておく必要があるネ。これには「from～import～」という文を使おう。

書式	from モジュール名 import クラス名

これを書くとね、モジュールから直接クラスをインポートできるからいちいちモジュール名を書かなくてもクラスが使えるようになるのネ。あとクラス名のところを「*」にして「from モジュール名 import *」と書けば、すべてのクラスをインポートできるので便利だヨ。

なるほどですね、ではresponderモジュールとdictionaryモジュールのクラスをインポートします。

◆ **responder** モジュールと **dictionary** モジュールのクラスをインポート（**Ray.py**）

```
from responder import *
from dictionary import *
```

▦ __init__() メソッドで初期化する

まずは、__init__()メソッドで初期化の処理を行わなければなりません。

ここで辞書クラス（Dictionary）と、応答クラスのHistoryResponder、StudyHistoryResponderのオブジェクト作ります。

◆ **Ray** クラスの **__init__()** メソッド（**ray.py**）

```
from responder import *
from dictionary import *

# Rayの本体クラス
class Ray:
    def __init__(self):
        # 辞書オブジェクトDictionaryを生成
        self.__dictionary = Dictionary()

        # 世界史の応答オブジェクトを生成
        self.__res_history = HistoryResponder(self.__dictionary)

        # 世界史の学習オブジェクトを生成
        self.__study_history = StudyHistoryResponder(self.__dictionary)
```

dialogue() メソッドで応答を作る

dialogue() メソッドは「Responderクラスのresponse() メソッドを呼び出して応答（質問に対する答え）を取得する」ってありますけど、Responderクラスには2つのサブクラスがありますけど、response() メソッドはどうやって呼び出し分けるんですか？

辞書から答えを探して応答として返すオブジェクトと答えられなかった場合に学習するオブジェクトがあるネ。

で、この2つのオブジェクトのresponse() メソッド（オーバーライドしたよね）を呼び出し分けなきゃならないけど、それにはこんな仕組みを使用する。

● 世界史モードを有効にして質問を入力

> ❶ 変数subjectに0、変数studyに0をセット
>
> ↓
>
> 返ってきた応答が'わかんないよ〜答えを教えて!'だった場合
>
> ↓
>
> ❷ 変数subjectに0、変数studyに1をセット

最後にGUIの画面を表示するモジュールを作るんだけど、そこでは質問する科目を設定できるようにする。いまは世界史についてやってるけど、将来的にはほかの科目にも対応できるように、GUIのメニューで科目を選べるようにするのね。世界史が選択されたときは0、英単語が選択されたときは1、という具合だ。

あと、質問に答えられなかったらその答えを入力してもらうんだけど、そうすると「質問を入力」➡「答えを入力」のように入力が2回続く。

で、これをRayクラスに教えるために、最初に入力された質問の場合はstudyに0をセット、質問に続く答えが入力された場合は1をセットし、これを引数としてdialogue() メソッドを呼び出す。

そうすれば、引数の値によってHistoryResponderとStudyHistoryResponderのどちらのresponse() メソッドを実行すればいいのかがわかるよね。

◆ 渡された引数の値でresponse() メソッドを呼び分ける

`subject`が0、`study`が0 ——— HistoryResponderのresponse()を実行
`subject`が0、`study`が1 ——— StudyHistoryResponderのresponse()を実行

ま、細かいことはわかりませんけど、ようするに最初の質問のときはsubjectもstudyも0で、レイが'わかんないよ～答えを教えて！'と応答したときの答えが入力されたときはstudyのみが1になるわけですね。では、if...elseで場合分けするようにします。

◆ **dialogue()メソッド（ray.py）**

```
...インポート文省略...
class Ray:
    def __init__(self):
    ...省略...

    def dialogue(self, input, subject, study, what):
        # 世界史のモードであり、かつ最初の質問であれば実行される
        if subject == 0 and study == 0:
            # 世界史の応答オブジェクトをself.responderに代入
            self.responder = self.res_history          ──────❶
        # 世界史のモードであり、答えが入力されたときに実行される
        elif subject == 0 and study == 1:
            # 世界史の学習オブジェクトをself.responderに代入
            self.responder = self.study_history        ──────❷
        # 応答を返す
        return self.responder.response(input, what)    ──────❸
```

subjectもstudyも0だった場合、つまり、最初に入力された質問の場合は、応答を返すHistoryResponder（self.res_historyで参照）をself.responderに代入します（❶）。

subjectが0でstudyが1、つまり世界史のモードで答えられなかった質問の答えが入力された場合は、学習するStudyHistoryResponder（self.study_historyで参照）をself.responderに代入します（❷）。

❶と❷でself.responderには応答オブジェクト、学習オブジェクトのどちらかが代入されているはずですので、response(input, what)で代入されているオブジェクトのresponse()が実行され、応答が返ってきますので、これをそのまま戻り値として返します。

:::save()メソッド

save()メソッドは「Dictionaryクラスのsave()メソッドを呼び出し、ファイルへの書き込みを行う」とあります。

ということは、たんにDictionaryクラスのsave()を呼び出せばいいんですね。

そう、Rayクラスのsave()メソッドは、Dictionaryクラスのsave()を呼び出すための「中継メソッド」というわけだ。

GUIの画面で操作した結果は、すべてRayオブジェクトに渡されるから、ここでDictionaryへの中継処理を行うのネ。

◆save()メソッド（ray.py）

```
...インポート文省略...
class Ray:
    def __init__(self):
    ...省略...

    def dialogue(self, input, subject, study, what):
    ...省略...

    # Dictionaryのsave()を呼ぶ中継メソッド
    def save(self):
        self.dictionary.save()
```

:::ゲッターメソッドを定義してRayクラスを完成させる

Rayクラスのインスタンス変数はすべてカプセル化していますので、プロパティを作らなきゃならないですね。

Rayクラスのインスタンス変数は、外部から参照されることはあっても値を設定されることはないので、今回はゲッターメソッドだけを作っておこう。「読み取り専用のプロパティ」ってわけだね。

で、プロパティからはゲッターだけを呼び出せるようにするんだけど、property()関数は、ゲッターとセッターの両方を登録することしかできない。ゲッターだけを登録、ということはできないわけだ。

そこで、このような場合は「デコレーター」という@から始まるキーワードを使う。

「@property」と書いてゲッターを定義すれば、それが読み取り専用のプロパティになるんだね。

◆ **@property による読み取り専用プロパティの定義**

書式	
	@property def プロパティ名(self) 　return self.インスタンス変数名

 デコレーターを付けてゲッターメソッドを定義すればいいんですね。メソッド名がそのままプロパティ名になるのか…、なるほどなるほど。

◆ **読み取り専用のプロパティを定義する（ray.py）**

```
...インポート文省略...
class Ray:
    def __init__(self):
    ...省略...

    def dialogue(self, input, subject, study, what):
    ...省略...

    def save(self):
    ...省略...

    # dictionaryプロパティ
    @property
    def dictionary(self):
        return self.__dictionary

    # res_historyプロパティ
    @property
    def res_history(self):
        return self.__res_history

    # study_historyプロパティ
    @property
    def study_history(self):
        return self.__study_history
```

　一応、これでRay クラスの完成です。あとはテスト用の実行ブロックを作ってテストできるようにしますか。

実行ブロックを作ってテストしてみる

あとは、いつものようにテスト用の実行ブロックを作っておきます。

まず、答えられる質問が入力されたとして dialogue() メソッドを実行し、次に答えられないと思われる質問が入力されたとして dialogue() メソッドを実行してみます。

◆実行ブロック（ray.py）

```
......省略......
#==================================================
#  プログラムの実行ブロック
#==================================================
if __name__ == '__main__':

    ray = Ray()
    #  質問が入力されたことを想定してdialogue()メソッドを実行
    ans = ray.dialogue('世界四大文明', 0, 0, '')
    print(ans)                          ────── ❶


    #  答えられない質問が入力されたことを想定してdialogue()メソッドを実行
    ans = ray.dialogue('アレクサンドロス大王の後継者', 0, 0, '')
    print(ans)                          ────── ❷


    #  答えられなかった質問の答えが入力されたことを想定してdialogue()メソッドを実行
    ans = ray.dialogue('ディアドコイ', 0, 1, 'アレクサンドロス大王の後継者')
    print(ans)                          ────── ❸
    print(ray.dictionary.history)       ────── ❹
    #  辞書をファイルに保存する
    ray.save()                          ────── ❺
```

まずは❶の実行結果からです。質問とその答えは辞書にありましたので、答えが出力されました。

◆❶の実行結果

```
「エジプト文明、メソポタミア文明、インダス文明、黄河文明」だよ
```

次に❷の実行結果です。設定した質問は辞書にないので、'わかんないよ〜答えを教えて！'と出力されました。HistoryResponderのresponse()メソッドが実行された結果です。

◆ ❷の実行結果

わかんないよ〜答えを教えて！

❸の実行結果です。答えが入力されたことを想定し、studyパラメーターに渡される第3引数を1にセットしてdialogue()を実行します。ここではStudyHistoryResponderのresponse()メソッドが実行されています。

◆ ❸の実行結果

学習したよ〜

❹の実行結果です。わからない質問とその答えを学習したはずですので、辞書historyの中身を表示しています。ちゃんと辞書に登録されています。

◆ ❹の実行結果

```
{'カースト制度の身分'： 'バラモン、クシャトリア、ヴァイシャ、シュードラ'，
 '三国志の三国'： '魏（ぎ）、呉（ご）、蜀（しょく）'
 'アレクサンドロス大王の後継者'： 'ディアドコイ'，          ——— 登録されている
 ‥‥‥‥
}
```

最後に❺でsave()メソッドを実行しています。これで、新しく学んだ質問と答えを含む辞書の中身がファイルに書き込まれます。

◆ Rayクラス（実行ブロックを除く）（ray.py）

```python
from responder import *
from dictionary import *

class Ray:
    def __init__(self):
        # 辞書オブジェクトDictionaryを生成
        self.__dictionary = Dictionary()
        # 世界史の応答オブジェクトを生成
        self.__res_history = HistoryResponder(self.__dictionary)
```

```python
        # 世界史の学習オブジェクトを生成
        self.__study_history = StudyHistoryResponder(self.__dictionary)

    def dialogue(self, input, subject, study, what):
        # 世界史のモードであり、かつ最初の質問であれば実行される
        if subject == 0 and study == 0:
            # 世界史の応答オブジェクトをself.responderに代入
            self.responder =  self.res_history
        # 世界史のモードであり、答えが入力されたときに実行される
        elif subject == 0 and study == 1:
            # 世界史の学習オブジェクトをself.responderに代入
            self.responder =  self.study_history
        # 応答を返す
        return self.responder.response(input, what)


    # Dictionaryのsave()を呼ぶ中継メソッド
    def save(self):
        self.dictionary.save()


    # dictionaryプロパティ
    @property
    def dictionary(self):
        return self.__dictionary


    # res_historyプロパティ
    @property
    def res_history(self):
        return self.__res_history


    # study_historyプロパティ
    @property
    def study_history(self):
        return self.__study_history
```

05 メインウィンドウを作ってメニューやグラフィックスを配置する

いよいよレイのGUIを作ります。いろいろと難しいことがありそうですが、博士のアドバイスを受けながら、あわてずに1つひとつ作っていくことにします。

Pythonには、GUIのアプリケーションを作るためのライブラリ「tkinter」が標準で用意されている。tkinterとは、Tool Kit Interfaceの略で、importを使って読み込めばすぐに使うことができる。で、GUIの作り方はワタシのマニュアルにまとめてあるから、それを使って説明するネ。

「tkinter」をインポートしてGUIの土台となる画面を表示してみる

まずは、tkinterをインポートしてGUIの土台となる画面を表示してみましょう。

「import tkinter as tk」とありますが、これはtkinterをインポートしたあとで「tk」という略字を使って利用できるようにするものです。

毎回、「tkinter.～」のように書くのは面倒なので、キーワードの「as」を使ってtkという別名を付けたというわけです。

◆ベースの画面を表示する（gui_base）

```python
import tkinter as tk
base = tk.Tk()
```

◆実行結果

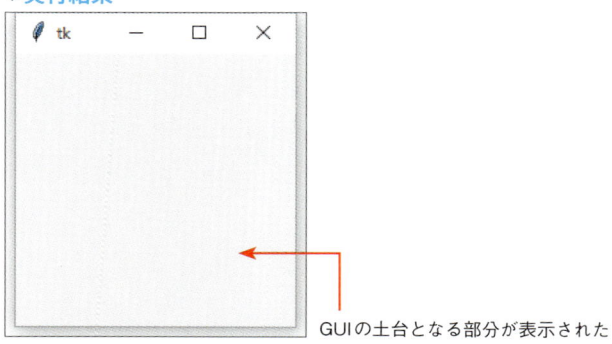

GUIの土台となる部分が表示された

GUIの土台となるウィンドウを作成する

GUIの土台の作り方がわかったので、さっそくレイの操作画面を作っていきましょう。

◆ **メインウィンドウを作る（ray_form.py）**

```python
import tkinter as tk

# メインウィンドウを作成
root = tk.Tk()
# ウィンドウのサイズを設定
root.geometry('880x460')
# ウィンドウのタイトルを設定
root.title('Super Bot --Ray-- : ')
# フォントの用意
font=('Helevetica', 14)
```

tkinterのTk()メソッドはTkクラスのオブジェクトを生成して返します。取得したオブジェクトが画面上のメインウィンドウになります。続く「root.geometry('880x460')」で、geometry()はウィンドウのサイズを指定するメソッドで、引数に文字列として'880x460'と書くことでウィンドウを880ピクセル×460ピ

クセルのサイズにします。

title()メソッドでウィンドウのタイトルバーに表示されるタイトルを指定し、文字のフォントを指定する文字列とフォントサイズを指定する数値をタプルにして変数fontに代入します。これはレイの応答を表示する部分で使います。

> レイの操作画面には、メニュー、入力用のボックスとボタン、レイの応答を表示するラベル、それからアプリのイメージを見せるためのグラフィックスを配置します。

メニューを作成する

 メニューを使ってプログラムを終了したり、「世界史」や「英単語」などの動作モードを選べるようにします。

まず、メニューの土台となるメニューバーをMenu()コンストラクターで生成します。引数にメインウィンドウ（root）を指定することでメニューバーの親要素がメインウィンドウと して設定されます。

続いてconfigure()を使って、メインウィンドウのmenuオプションに、生成したMenuオブジェクトを設定します。configure()は、ウィンドウやメニューなどのGUI部品（ウィジェットと呼ばれます）のオプションを設定するメソッドです。

◆メニューバーの作成

```
menubar = tk.Menu(root)          ——— Menuオブジェクトを生成
root.config(menu=menubar)        ——— オプションを設定してMenuオブジェクトをメニューバーにする
```

次にメニューとそのアイテムを配置します。

メニュー	アイテム
[ファイル]	[閉じる]
[モード]	[世界史]、[英単語]

メニューを追加するメソッド

add_cascade()	複数のアイテムを表示するメニューを作成します。

メニューのアイテムを追加するメソッド

add_checkbutton()	チェックボタンを表示。二者択一の情報を設定するために使います。
add_command()	commandオプションで指定した関数やメソッドを実行します。
add_radiobutton()	ラジオボタン付きのメニューアイテムを表示します。
add_separator()	区切り線を表示します。

◆[ファイル]メニューを配置する

```
# メニューバーを引数にしてMenuオブジェクトを生成
filemenu = tk.Menu(menubar)                                        ——— ❶
# [ファイル]メニューをメニューバーに配置
menubar.add_cascade(label='ファイル', menu=filemenu)                ——— ❷
# [閉じる]アイテムを配置
filemenu.add_command(label='閉じる', command=callback)              ——— ❸
```

❶［ファイル］メニュー用のMenuオブジェクトの生成

メニューバーmenubarを引数にしてMenu()を実行すると、menubarを親要素としたMenuオブジェクトが生成されます。

❷［ファイル］メニューをメニューバー上に配置

Menuオブジェクトを生成しただけなので、次にメニューバーオブジェクト（menubar）に対してadd_command()メソッドを実行します。引数（名前付きパラメーターとして設定されている）としてlabelにメニュー名、menuに❶で生成したMenuオブジェクトを指定すれば、**ファイル**メニューがメニューバー上に配置されます。

❸［閉じる］アイテムを配置

ファイルメニューのアイテムを追加します。メニューをクリックしたときに選択項目として表示されるのがアイテムです。アイテムを追加するには、**ファイル**メニューオブジェクトfilemenuに対してadd_command()メソッドを実行します。

◆［ファイル］メニューを配置

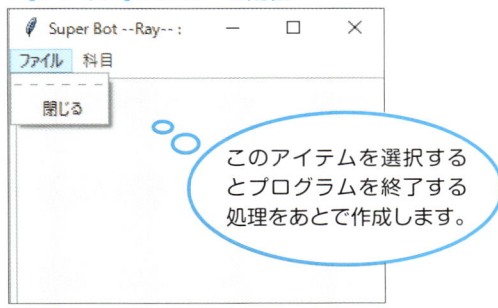

メニューをクリックするとアイテムが表示される

このメソッドは、選択されたときに関数やメソッドを呼び出す機能を持つアイテムを追加します。

名前付きパラメーター「label」にアイテム名を指定すればよいので、ここでは**閉じる**というアイテムを表示するようにします。

◆「科目」メニューを配置する

```
# 数値を格納するためのオブジェクトを生成
action = tk.IntVar()              ――――❶
# [科目]メニュー用のMenuオブジェクトを生成
optionmenu = tk.Menu(menubar)
# [科目]メニューをメニューバーに配置
menubar.add_cascade(label='科目', menu=optionmenu)
# [世界史]アイテムを配置
optionmenu.add_radiobutton(
    label='世界史',              ――――❷アイテム名
    variable = action,          ――――❸variableに選択時の値を格納するオブジェクトをセット
    value = 0                   ――――❹アイテムが持つ値を0にする
```

実行する科目を選ぶ[科目]メニューも同じようにして作ります。アイテムは「世界史」と「英語（単語）」です。**世界史**アイテムと**英語（単語）**アイテムは、選択時にチェックマークが付くラジオボタン型のアイテムにするので、アイテムオブジェクトoptionmenuに対してadd_radiobutton()メソッドを実行します。

❷でlabelに'世界史'をセットし、❸でvariableに❶で生成したIntVarオブジェクトをセットします。❹でアイテムが持つ値としてvalueに0をセットしています。

ただ、**世界史**アイテムが選択されたときに、valueでセットされている「0」という値をプログラム側で知るためには、「アイテムが選択された」ことを通知するための仕組みが必要です。

そこで❸のvariableにIntVarオブジェクト（action）をセットしたのです。variableは、アイテムが選択されたときにアイテム自身が持つ値（valueで指定した「0」）を保持するためのものです。なので、ユーザーがメニューを操作して**世界史**アイテムを選択すれば、actionにvalueの値「0」が代入されるので、プログラム側ではactionの値を調べれば、どのアイテムが選択されているのかがわかるというわけです。

続いて**英語（単語）**アイテムを配置します。このアイテムのvalueの値は「1」にします。**英語（単語）**アイテムが選択されると、actionに「1」が代入されるので、このアイテムが選択されたことがわかります。

◆[英語（単語）]アイテムを配置

```
optionmenu.add_radiobutton(
    label='英語(単語)',        ――― アイテム名
    variable = action,       ――― 選択時の値を格納するオブジェクト
    value = 1                ――― アイテムが持つ値を0にする
)
```

◆[科目]メニュー

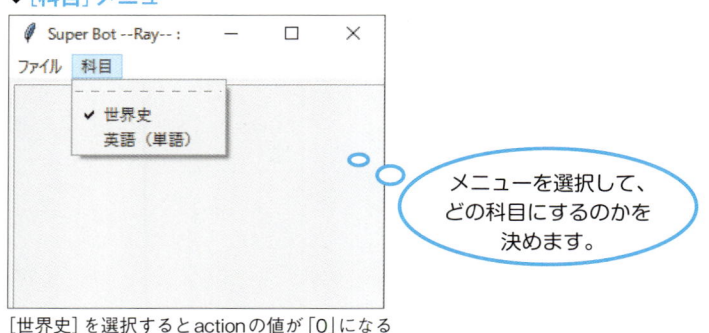

[世界史]を選択するとactionの値が「0」になる
[英語（単語）]を選択するとactionの値が「1」になる

イメージを表示する

　画面に何もないと寂しいので、画面を華やかにするという意味でグラフィックス（画像）を表示することにします。

　グラフィックスを表示するには、その土台となるCanvasというウィジェット（GUI部品）を作成し、その上にグラフィックスを乗せて表示する、というかたちをとります。

　では、Canvasのオブジェクトを生成してみましょう。Canvasウィジェットは、矩形、直線、楕円などの図形のほかに、イメージ、文字列、任意のウィジェットを表示できる便利なウィジェットです。ウィジェットは Canvas()で生成します。

◆ キャンバスの作成

```
canvas = tk.Canvas(
    root,                ——— 親要素をメインウィンドウに設定
    width = 870,         ——— 幅をピクセル単位で設定
    height = 200,        ——— 高さをピクセル単位で設定
    relief=tk.RIDGE,     ——— 枠線の種類をRAISED（出っぱり）に設定
    bd=2                 ——— 枠線の幅をピクセル単位で設定
)
# メインウィンドウ上に配置
```

　canvas.place(x=1, y=0)—Canvasの左上隅をメインウィンドウの左上隅の横方向1ピクセル、縦方向0ピクセルに合わせる

Canvasウィジェットのオプション

オプション	説明
bgまたはbackground	背景の色を指定します。
bdまたはborderwidth	ボーダーの幅をピクセル単位で指定します。デフォルトでは 0, relief を指定するときはこの値を指定する必要があります。
relief	周りの形を指定します。tkinter.FLAT(default), tkinter.RAISED, tkinter.SUNKENN, tkinter.GROOVE, tkinter.RIDGE があります。
width	幅をピクセル単位で指定します。
height	高さをピクセル単位で指定します。

Chapter 1　Chapter 2　Chapter 3　Chapter 4　Chapter 5　Chapter 6　Chapter 7

reliefオプションに設定できる値

定数	説明
FLAT	平坦
RAISED	出っぱり
SUNKENN	引っ込み
GROOVE	溝
RIDGE	土手

ウィジェットの配置

これから先は、メインウィンドウ上にウィジェットを配置していくシーンが出てきます。

ウィジェットの配置には、次のメソッドを使います。

ウィジェットを配置するメソッド

メソッド	機能
place()	ウィジェットを指定した座標に配置します。
pack()	ウィンドウにウィジェットを詰め込みます。ウィジェットの数や大きさによって、ウィンドウの大きさも変化します。
grid()	ウィジェットを格子状に配置します。ウィジェットの数や大きさによって、ウィンドウの大きさも変化します。

最も手軽なのが、pack()ですが、place()ではウィジェットの位置をx、yの座標で指定するため、細かい設定が可能です。

一方、電卓やマインスイーパー*のように、ボタンを格子状に配置するような場合はgrid()が便利です。

グラフィックスを用意してキャンバス上に配置

tkinter標準のGIF形式とPPM形式の画像ファイルを表示するには、tkinter.PhotoImage()で読み込んで、表示用のオブジェクトを生成し

ます。あとは、Canvasのcreate_image()メソッドでキャンバス上に配置すればOKです。

*マインスイーパー　地雷原から地雷を取り除くコンピュータゲーム。

◆ Canvasにグラフィックスを配置する

```
# 表示するグラフィックスを読み込む
img = tk.PhotoImage(file = 'img1.gif')────モジュールと同じフォルダーにあるimg1.gifを
                                          読み込む
# キャンバス上にイメージを配置
canvas.create_image(
    0,                ──────── x座標
    0,                ──────── y座標
    image = img,      ──────── 配置するイメージオブジェクトを指定
    anchor = tk.NW    ──────── 配置の起点となる位置を左上隅に指定
)
```

imageオプションだけを指定すると、グラフィックスの右下の角がキャンバスの中央に表示されます。イメージの左上の角をキャンバスの左上角にぴったり寄せるにはanchorオプションにtkinter.NWを設定します

◆ anchorオプションの指定方法

Canvasオブジェクト

では、グラフィックスがちゃんと表示されるかを見てみましょう。

◆ Canvasにグラフィックスを配置した結果

モジュールと同じフォルダーに保存したimg1.gifが表示された

応答エリアを作成する

レイの応答を表示する部分を作ります。

Labelというウィジェットは文字列を表示できるので、これを使うことにしましょう。

◆応答エリアを作成

```
response_area = tk.Label(
    root,                    ——— 親要素をメインウィンドウに設定
    width=86,                ——— 幅を設定
    height=10,               ——— 高さを設定
    bg='LightSkyBlue',       ——— 背景色を設定
    font=font,               ——— フォントを設定
    relief=tk.RIDGE,         ——— 枠線の種類を設定
    bd=2                     ——— 枠線の幅を設定
)
# メインウィンドウ上に配置
response_area.place(x=6, y=210)
```

Labelの生成方法は、これまでのCanvasなどとほとんど同じです。Label独自の名前付きパラメーターとして背景色を設定するbgに'LightSkyBlue'（薄いスカイブルー）を設定しています。bgには'Red'などカラーを表す定数（文字列）を使って背景色を指定します。

あと、fontでは表示する文字のフォントを指定します。冒頭でフォントの情報は変数fontに代入していますので、これをパラメーターの値として設定しています。

◆ラベルを配置した後の画面

グラフィックスの下にLabelを配置

今回は、ここまでです。次回は、引き続きレイの操作画面を作っていきます。

06 入力ボックスとボタンを配置して画面を完成させる

今回は、レイの操作画面の残りの部分を作っていきます。ここでも、博士のマニュアルを使った説明が続きます。

入力ボックスとボタンを配置する

　文字列を入力するためのEntryというウィジェットと、Button（ボタン）を配置します。Entryにレイに対する質問を入力し、Buttonをクリックすれば答えが返って来るという仕掛けのためのものです。

ウィジェットをまとめるためのフレームを作成

　まず、EntryとButtonをまとめて配置できるようにFrame（フレーム）というウィジェットを作ります。

　フレームは、複数のウィジェットをひとまとめにする土台として使われるウィジェットで、今回のEntryとButtonのように、関連のあるウィジェットをフレームにまとめておくと、メインウィンドウへの配置などがやりやすくなります。

◆ フレームの作成

```
frame = tk.Frame(
    root                  ――――― 親要素はメインウィンドウ
    relief=tk.RIDGE       ――――― ボーダーの種類をridge（土手）に設定
    borderwidth = 4       ――――― ボーダー幅を4ピクセルに設定
)
```

　フレームのオブジェクトはFrame()で生成します。枠線の形状はreliefで指定し、線の幅はborderwidthで設定します。

入力ボックス（Entry）をフレームの左側に配置

　次に、入力ボックスとなるEntryウィジェットをEntry()コンストラクターで作成し、フレームに配置します。

◆入力ボックスの配置

```
entry = tk.Entry(
    frame,                          ——— 親要素はフレーム
    width=70,                       ——— 幅を設定、同じ数値でもフォントサイズによってサイズが異なる
    font=font                       ——— フォントを設定
)
entry.pack(side = tk.LEFT)          ——— フレームに左詰めで配置する
entry.focus_set()                   ——— 入力ボックスにフォーカスを当てる
```

　フレームにウィジェットを配置するには、pack()メソッドを使うと便利です。

　引数としてsideにtkinterの定数LEFT（左）、またはLIGHT（右）を指定すると、フレームの左右のどちらかに寄せて配置することができます。

　あと、ウィジェットに対してfocus_set()メソッドを実行すると画面が表示されたときにフォーカスを当てる（カーソルがアクティブな状態で置かれる）ことができるので、そのようにしておきました。

ボタン（Button）をフレームの右側に配置

　Buttonは、クリックすると何らかのアクションを起こすためのウィジェットです。

◆ボタンの配置

```
button = tk.Button(
    frame,                          ——— 親要素はフレーム
    width=15,                       ——— 幅を設定、実際のサイズはフォントサイズに依存
    text='入力',                     ——— ボタンに表示するテキスト
)
button.pack(side = tk.LEFT)         ——— フレームに左詰めで配置する
```

フレーム本体をメインウィンドウに配置する

　あとは、フレーム本体をメインウィンドウ上に配置すれば、入力ボックスとボタンが画面に表示されます。フレームの配置はplace()メソッドで行いましょう。

◆フレームの配置

```
frame.place(x=30, y=520)            ——— フレームを画面の左端から30ピクセル、
                                        上端から520ピクセルの位置に配置
```

これでレイの画面が完成しました。あとは、メインウィンドウに対してmainloop()というメソッドを実行すればOKです。

このメソッドは、プログラムが終了するまで画面を維持するために必要です。

◆**画面を維持するメソッドを実行**

```
root.mainloop()
```

完成した画面を確認する

では、うまく表示されるか確認しましょう。

◆**完成後のレイの画面**

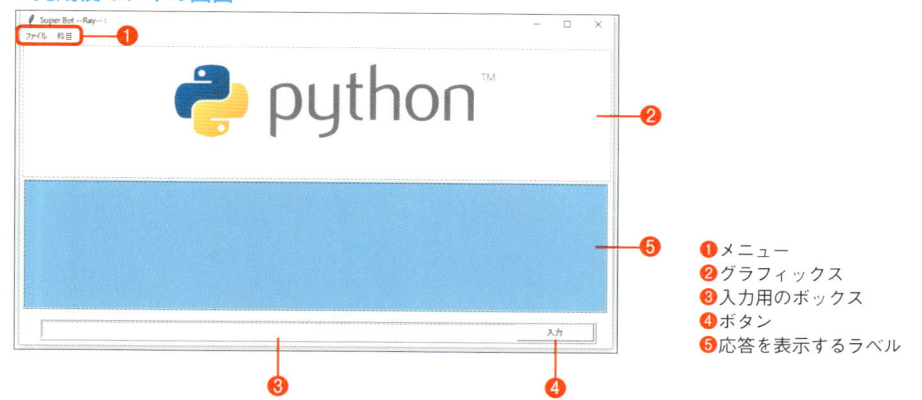

❶メニュー
❷グラフィックス
❸入力用のボックス
❹ボタン
❺応答を表示するラベル

イメージのサイズは 970×200（ピクセル）のサイズなので、いろいろ取り替えてみてもいいかもですね。

GUIを作る処理を関数にまとめる

ここまでGUIを作る処理をray_form.pyにそのまま書いてきました。これらのコードはすべてGUIを作る、という1つの処理のためのものですので、1つの関数としてまとめておくべきですね。

関数にするのは簡単です。まず、冒頭に「関数名():」を書きます。このあと、これまでに書いたコードをすべて選択して[Tab]キーを押します。すると、コード全体がインデントしますので、これがそのまま関数のコードブロックになります。関数名はrun()としました。

◆ GUIを作る関数を定義

```python
import tkinter as tk


#  画面を描画する関数
def run():
    #  メインウィンドウを作成
    root = tk.Tk()
    #  ウィンドウのサイズを設定
    root.geometry('880x460')
    #  ウィンドウのタイトルを設定
    root.title('Super Bot --Ray-- : ')
    #  フォントの用意
    font=('Helevetica', 14)
    ......省略......
    #  メインループ
    root.mainloop()
```

◆ run()関数が「レイ」プログラムの基点

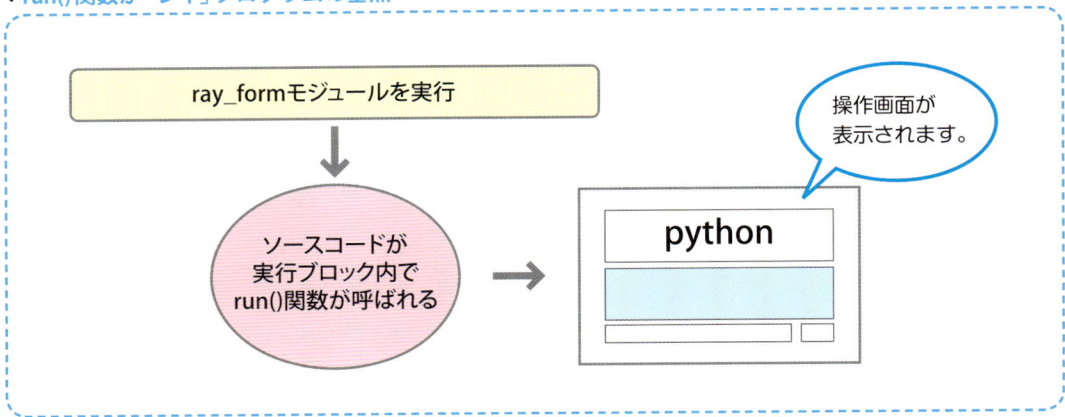

GUI版ボット「レイ」の作成

グローバル変数の用意とプログラム終了のための関数を追加する

作成した画面には、2つのメニューと応答用のエリア（Label）入力ボックス、ボタンがあります。これらのウィジェットを使ってレイとのやり取りを行うわけですが、それには、プログラム側からこれらのウィジェットを使えるようにする必要があります。

とはいえ、ウィジェットのオブジェクトはすべて変数に代入されていますので、これらの変数をグローバル変数にして、run()関数の外部からも使えるようにするだけです。

まずは、ray_formモジュールの冒頭でグローバル変数をまとめて作成しておきましょう。また、これから必要になるモジュールがありますので、ついでにこれらのモジュールもインポートしておきます。

◆ モジュールのインポートとグローバル変数の定義（ray_form.py）

```
from ray import *          ——— rayモジュールをインポート
import tkinter as tk       ——— tkinterをインポート（すでに記述済み）
import tkinter.messagebox  ——— messageboxモジュールをインポート
import re                  ——— reモジュールをインポート


entry = None             # 入力エリアのオブジェクトを保持
response_area = None     # 応答エリアのオブジェクトを保持
action = None            # '科目'メニューの状態を保持
ray = Ray()              # Rayオブジェクトをインスタンス化して保持
study = 0                # 質問か答えかを判別するためのフラグ
what = ''                # わからない質問を保持する変数
```

6つのグローバル変数を定義しました。

Rayクラスはここでインスタンス化され、rayというグローバル変数に代入されます。

では、次にrun()メソッドの内部です。関数内部のEntryをはじめとする、各オブジェクトを保持する変数をグローバル変数にするためのコードを書いておきます。

◆ グローバル変数にするための記述

```
def run():
    global entry, response_area, lb, action
```

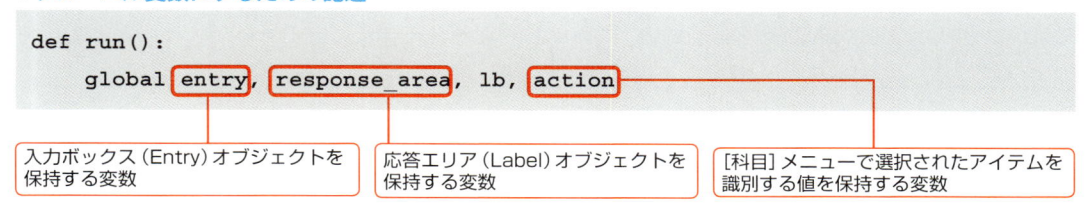

入力ボックス（Entry）オブジェクトを保持する変数

応答エリア（Label）オブジェクトを保持する変数

[科目]メニューで選択されたアイテムを識別する値を保持する変数

次に、**ファイル**メニューの**閉じる**アイテムが選択されたときに実行される関数を作ります。

なお、レイはわからなかった質問に対して「わかんないよ〜答えを教えて！」と返答し、答えを入力してもらって学習します。で、プログラムの終了時に確認のメッセージを表示してから辞書の中身をファイルに書き込むようにしましょう。これには、tkinterライブラリのmessageboxというモジュールを使います。ray_formの冒頭でインポートしたモジュールです。

◆ **[ファイル]➡[閉じる]が選択されたときに実行するcallback()関数（ray_form.py）**

```
def run():
    #  グローバル変数を使用するための記述
    global entry, response_area, action
```

◆ **[ファイル]➡[閉じる]が選択されたときに実行するcallback()関数（ray_form.py）**

```
    #  メインウィンドウを作成
    root = tk.Tk()
    #  ウィンドウのサイズを設定
    root.geometry('880x460')
    #  ウィンドウのタイトルを設定
    root.title('Super Bot --Ray-- : ')
    #  フォントの用意
    font=('Helevetica', 14)


    #  [閉じる]アイテムが選択されたときに呼ばれる関数
    def callback():
        #  メッセージボックスの[はい]ボタンクリック時の処理
        if tkinter.messagebox.askyesno(          ─── ❶
            'Quit?', '辞書を更新してもいい?'):
            ray.save()                           ─── ❷
            root.destroy()                       ─── ❸
        #  [いいえ]ボタンクリック
        else:
            root.destroy()                       ─── ❹

    root.protocol('WM_DELETE_WINDOW', callback)  ─── ❺
```

❶メッセージボックスの表示

callback()関数内部の1行目はメッセージボックスの**はい**ボタンがクリックされたときの処理です。インポートしたtkinter.messageboxクラスのaskyesno()関数で**はい**ボタンと**いいえ**ボタンが配置されたメッセージボックスを表示し、戻り値がTrueかどうかを調べています。

●messageboxモジュールのaskyesno()関数

はい／いいえボタンが配置されたメッセージボックスを表示します。

◆askyesno()関数の書式

書式　tkinter.messagebox.askyesno('タイトル','メッセージ')

tkinter.messagebox.askyesno()メソッドは、**はい**ボタンがクリックされるとTrue、**いいえ**ボタン（あるいはボックス右上の**X**ボタン）がクリックされるとFalseを返してきます。

❷辞書をファイルに書き出すsave()メソッドの呼び出し

Trueが返ってきた（**はい**ボタンがクリックされた）ときの処理として、❷でRayクラスのsave()メソッドを呼び出します。メソッド本体はDictionaryクラスのオブジェクトが保持しているので、Rayオブジェクトの中継メソッドを使って間接的に呼び出します。

◆メッセージボックス

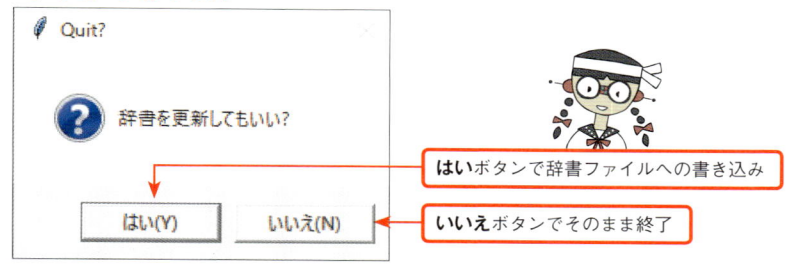

はいボタンで辞書ファイルへの書き込み

いいえボタンでそのまま終了

◆[はい]ボタンがクリックされて辞書ファイルへの書き出しが行われるまでの流れ

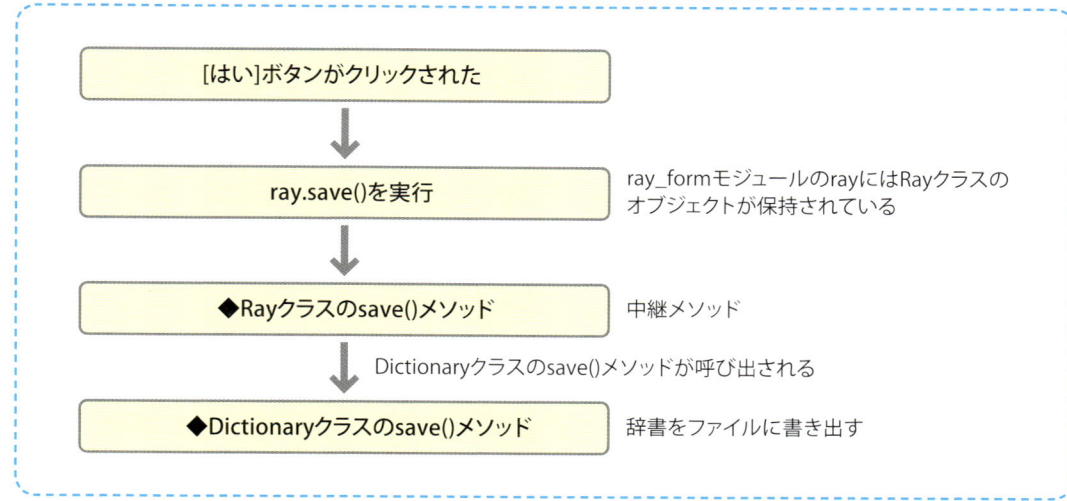

[はい]ボタンがクリックされた

↓

ray.save()を実行 — ray_formモジュールのrayにはRayクラスのオブジェクトが保持されている

↓

◆Rayクラスのsave()メソッド — 中継メソッド

↓　Dictionaryクラスのsave()メソッドが呼び出される

◆Dictionaryクラスのsave()メソッド — 辞書をファイルに書き出す

❸画面の破棄

❸において、メインウィンドウ（root）を破棄します。destroy()メソッドをウィジェットのオブジェクトに対して実行すると、そのウィジェットを破棄します。破棄されることで画面が消滅しプログラムが終了します。

❹いいえがクリックされたとき

なお、メッセージボックスの**いいえ**がクリックされたときは、❹（root.destroy()）において画面の破棄だけを行います。

⠿ callback()関数を呼び出して終了処理が行えるようにする

callback()関数を作りましたが、これを呼び出す仕組みを作らないとプログラムを終了することができません。そこで、❺の処理です。

---

❺閉じるボタンなどで画面が閉じられる前にcallback()関数を呼び出す

❺には、「root.protocol('WM_DELETE_WINDOW', callback)」というコードが書かれています。これは、メインウィンドウが**閉じる**アイテム以外の方法で閉じられるときにcallback()関数を呼び出すためのものです。**×**（**閉じる**ボタン）で終了するような場合です。

tkinterは**プロトコルハンドラー**と呼ばれるメカニズムをサポートしています。何やら難解な用語ですが、「プロトコル」は、アプリケーションとウィンドウ間のやり取りの手順を指します。

「WM_DELETE_WINDOW」は、ウィンドウを閉じる直前に、ウィンドウが閉じられることを通知する役目を持つプロトコルです。protocol()メソッドの第1引数にWM_DELETE_WINDOW、第2引数に関数やメソッドを指定することで、画面を閉じる直前にしてした関数／メッセージを呼び出すことができます。

◆ ウィンドウが閉じられる直前に任意の関数／メソッドを呼ぶ

書式	ウィンドウオブジェクト .protocol('WM_DELETE_WINDOW', 関数またはメソッド名)

関数名をcallbackにしたことで、**閉じる**アイテム以外の方法で画面を閉じようとしたときにcallback()関数が呼ばれます。結果として、**閉じる**アイテムを選択したときと同じようにメッセージボックスが表示され、ファイルへ書き込む／書き込まないを選択できるようになります。

あとは、メニューの**閉じる**アイテムが選択されたときの処理がまだですので、これを書いていきます。

　各場所は、**ファイル**メニューにadd_command()メソッドで**閉じる**アイテムを追加する部分です。現状では「label='閉じる'」だけが引数になっていますが、「command=callback」という引数を新たに追加します。

◆[ファイル]メニューに[閉じる]アイテムを追加

```
filemenu.add_command(
    label='閉じる',        ──── アイテムの表示名
    command=callback      ──── callback()関数を呼び出すための記述
)
```

　add_command()メソッドの名前付きパラメーターcommandは、アイテムが選択されたときに呼び出す関数やメソッドを指定するためのものです。
　これで、**閉じる**アイテムが選択されると、callback()関数が呼び出されるようになりました。

実行ブロックを追加する

　最後に、run()関数を呼び出して画面を表示する部分を作りましょう。ray_formモジュールのいちばん下に次のように書いておきます。

　これで、ray_formモジュールを実行したときにrun()関数が実行され、レイの操作画面が起動します。この部分がプログラムの起点になるわけです。

◆プログラムの起点（**ray_form.py**の最下部に記述）

```
if __name__ == '__main__':
    run()
```

メニューで[閉じる]を選択しても[閉じる]ボタンをクリックしても、callback()関数が呼ばれてダイアログが表示されるってことですね。

必要なすべてのモジュールとファイルを配置する

さて、現状ではray_formモジュールの保存先には、グラフィック用のimg1.gifのみがあるかと思いますが、プログラムに必要なすべてのモジュールとファイルをここへ移動、またはコピーしておきましょう。

レイの本体クラス、応答クラス、辞書クラス、それにworld_history.txtファイルを格納したdataフォルダーです。

◆**ray_form**モジュールの保存先に必要なモジュールとファイルを配置する

```
ray_form.py          ——— GUIを作るためのモジュール
ray.py               ——— レイの本体クラス
responder.py         ——— 応答クラス
dictionary.py        ——— 辞書クラス
dataフォルダー
    world_history.txt ——— 質問と答えを記録するファイル
img1.gif             ——— グラフィックス用のイメージファイル
```

以上のモジュールやファイルを揃えたら、ray_form.pyを実行してプログラムを起動してみてください。

入力ボタンの処理はまだなので、質問を入力することはできませんが、**ファイル**メニューの**閉じる**をクリックするか、画面右上の**閉じる**ボタンをクリックするとファイルへの書き込みを行うかどうかをたずねるメッセージボックスが表示されるはずです。

はいボタンをクリックした場合は、ファイルへの書き込み後にプログラムが終了し、**いいえ**をクリックしたときは、何もせずにプログラムが終了します。

◆「レイ」の全体像

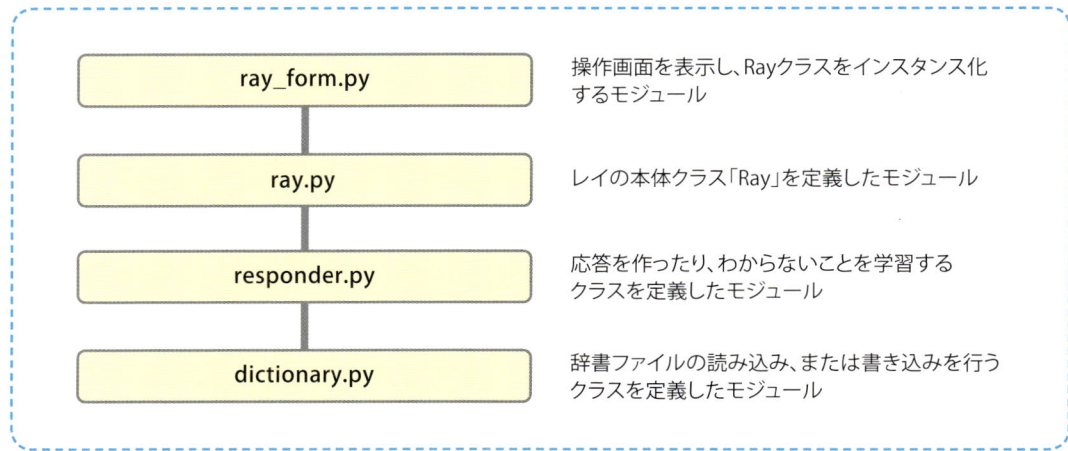

ray_form.py	操作画面を表示し、Rayクラスをインスタンス化するモジュール
ray.py	レイの本体クラス「Ray」を定義したモジュール
responder.py	応答を作ったり、わからないことを学習するクラスを定義したモジュール
dictionary.py	辞書ファイルの読み込み、または書き込みを行うクラスを定義したモジュール

GUI版ボット「レイ」の作成

07 対話を行う talk() 関数を作成すればGUI版レイの完成だ！

前回までの博士の説明でレイのGUIは出来上がりました。また、レイの本体クラスや応答クラス、辞書クラスの組み込みも終わっています。

GUIが出来上がったのでこのあとの仕上げの部分はキミに作ってもらうことにするネ。ray_formモジュールのtalk()関数だ。入力ボックスに質問を入力してボタンをクリックしたときに呼ばれる関数だ。この関数が画面で起こったこと（質問が入力された）をレイの本体クラスに伝える役目をする。

つまり、GUIとレイの懸け橋となる重要な関数なのだヨ。

対話を行う talk() 関数の内容

おお、やっと出番がきましたか。GUIは博士に作ってもらいましたが、仕上げの部分はぜひとも自分で作りたかったところです。

まずは、talk()関数で何をするのかをまとめておこう。次のように処理することで、入力された質問をレイの本体クラスに伝え、応答が返ってきたらそれを画面に表示するのが基本的な処理だヨ。でも、わからなかった質問に対する答えが入力されることもあるから、それは場合分けして処理することにしよう。

◆talk()関数の作成手順

【必要な情報の取得】

- 入力ボックスに入力された文字列を取得（手順❶）

⬇

- ［科目］メニューで選択された科目の情報を取得（手順❷）

⬇

【入力ボックスが未入力の場合】（手順❸）

- 「なに？」と表示

【入力ボックスに入力されている場合】

- ●科目を表す**subject**が「0」（[世界史]を選択）かつ、学習フラグ**study**が「0」である（手順❹）

  - ・入力された文字列やフラグの情報を引数にしてRayクラスのdialogue()メソッドを実行
  - ・dialogue()メソッドから返された文字列を応答エリアに表示
  - ・応答に'わかんないよ〜'が含まれていた場合
    - ・studyの値を「1」（解答モード）にする
    - ・whatに直前に入力された質問をそのまま代入する
  - ・最後に入力ボックスをクリアする

- ●科目のフラグ**subject**が「0」（[世界史]を選択）かつ、学習フラグ**study**が「1」である（手順❺）

  - ・入力された文字列やフラグの情報を引数にしてRayクラスのdialogue()メソッドを実行
  - ・dialogue()メソッドから返された文字列を応答エリアに表示
  - ・studyの値を「0」（質問モード）に戻す
  - ・whatの中身をクリア（空文字）にする
  - ・最後に入力ボックスをクリアする

⠿ talk()関数で必要な情報を取得する（手順❶〜❷）

さっそく、talk()関数を作っていくことにしましょう。まずは、作成手順の❶〜❷の部分です。

まずは、関数で使用するグローバル変数を使える状態にしよう。学習フラグのstudyと答えられなかった質問を代入するwhatだ。

この2つは値の参照や代入を行う必要があるから、globalキーワードを使って読み／書きの両方を可能にしておこう。

あと、入力された文字列は、入力ボックスのオブジェクトに対してget()というメソッドを実行すれば取得できるヨ。それから[科目]メニューでどの科目が選択されているのかは、actionを参照すればわかるよね。

◆ **run()関数内部のメニューアイテムを追加する箇所**

```
optionmenu.add_radiobutton(
    label='世界史',                      # アイテム名
    value = 0,                          # アイテムの値を0にする
    variable = action                   # 選択時の値を格納するオブジェクト
)
optionmenu.add_radiobutton(
    label='英語(単語)',                  # アイテム名
    value = 1,                          # アイテムの値を0にする
    variable = action                   # 選択時の値を格納するオブジェクト
)
```

　こんなふうに、それぞれのアイテムには「0」と「1」がvalueの値としてセットされている。で、この値は「variable = action」として、外部から参照できるようにしているよね。

　variableという名前付きパラメーターは、アイテムが持つ値を変数として扱えるようにするためのものなので、**世界史**アイテムと**英語(単語)**アイテムには、それぞれの値を参照するためのactionという変数が設定されたことになるわけだね。

　これによって[世界史]が選択されているときはactionの値が「0」、**英語(単語)**アイテム

が選択されているときは「1」になっているから、actionを参照すればどの科目が選択されているのかがすぐにわかるってことだね。

　で、actionはtkinterのIntVarオブジェクトとして定義してあるから、値を取得するにはget()メソッドを使う。「action.get()」と書けばactionの値がわかるヨ。

　では、グローバル変数を使える状態にして、入力ボックスの文字列とactionの値を取得してみます。

◆ **talk()関数の冒頭部分(ray_form.py)**

```
def talk():
    # 学習フラグと不明な質問を保持するグローバル変数
    global study, what
    # 入力ボックスの文字列を取得
    value = entry.get()              ——— 作成手順の❶
    # [科目]メニューで選択されているアイテムを調べる
    subject = action.get()           ——— 作成手順の❷
```

入力ボックスが未入力の場合の処理（手順❸）

ここから先は、レイの応答を作って画面に表示する処理になりますね。

画面への表示といえばLabelへの出力だ。これは「Labelオブジェクトの属性を変える」というやり方で実現する。レイの応答は毎回異なるから、属性の値をその都度変えることによって表示を行うってわけだ。

Labelなどのウィジェットには文字列を表示するためのtextという属性があるから、この属性の値として文字列を設定すれば、この文字列をそのままLabelに表示することができるってわけだね。

属性の値はconfigure()というメソッドで設定できるから、次のように書けばウィジェットに文字列を表示できるヨ。

◆ウィジェットに文字列を表示する

```
ウィジェット.configure(text='表示する文字列')
```

talk()関数の処理は、大きく分けて「未入力だった場合の処理」「質問が入力されたときの処理」「わからなかった質問の答えが入力されたときの処理」になるから、if...elifで場合分け

をすればいいかと思います。

まずは未入力だった場合ですが、これは先頭のifで処理することにしましょう。

◆入力エリアが未入力の場合の処理（ray_form.py）

```
def talk():
    ......❶～❷の処理省略......
    if not value:        ──── ❸の処理
        response_area.configure(text='なに？')
```

入力ボックスの文字列は❶の処理で変数valueに代入していますので、「if not value:」で中身が空であるかを調べます。

空であればTrueになるので、応答エリア（Label）に'なに？'と表示します。Labelのオ

ブジェクトはグローバル変数のresponse_areaに代入されているはずですから、この変数を使ってconfigure()メソッドを実行し、textの値を'なに？'設定しています。

GUI版ボット「レイ」の作成

入力ボックスに入力された場合の処理（手順❹）

ここからは、入力ボックスに文字列が入力されている場合の処理です。

博士の手順によると、まずは次のことをやることになっています。

●科目を表す subject が「0」（[世界史] を選択）かつ、学習フラグ study が「0」である❹

- ●入力された文字列やフラグの情報を引数にして Ray クラスの dialogue() メソッドを実行
- ●dialogue() メソッドから返された文字列を応答エリアに表示
- ●応答に'わかんないよ〜'が含まれていた場合
  - ・study の値を「1」（解答モード）にする
  - ・what に直前に入力された質問をそのまま代入する
- ●最後に入力ボックスをクリアする

ということは、ifの続きのelifを作って [世界史] が選択されていて学習フラグが「0」の場合の処理を書けばよいのですが、「応答に'わかんないよ〜'が含まれていた場合」があるので、これは入れ子にしたifで処理することになりますね。

◆手順❹の elif と入れ子にした if の処理

```
elif subjectが「0」かつ学習フラグstudyが「0」であるか
    ・・・・・・処理・・・・・・
    if 応答に'わかんないよ〜'が含まれているか
        ・・・・・・処理・・・・・・
```

文字列の先頭部分にある文字列が含まれているかは、インポートしてある re モジュールの match() 関数で調べることができる。

次のように書けば、レイが返した文字列 response の先頭部分に'わかんないよ〜'が含まれているかがわかる。

```
m = re.match('わかんないよ〜', response)
```

match()は、指定した文字列があればその情報を伝えるためのオブジェクトを戻り値として返すけど、文字列がなければ何も返さない。

なので、ifでmの値が存在する（True）であ

れば必要な処理を行うようにすればいいかナ。

それから最後の処理で入力ボックスをクリアするんだけど、これにはdelete() メソッドを使おう。

◆ delete() メソッド

指定した範囲の文字列を削除します。

◆ delete() メソッドの書式

> **書式** ウィジェット.delete(first, last)

第1パラメーターで削除する開始位置、第2パラメーターで終了位置を指定するんだけど、たいていの場合、削除する文字列の終了位置なんてわからない。

そこで、tkinterの「END」という定数を指定すれば、対象のウィジェットに表示されている文字列の終了位置を自動で取得できるヨ。

◆ 入力ボックス（entry）の文字列を削除（クリア）する

```
entry.delete(0, tk.END)        ——— 入力ボックスの文字列の先頭から末尾までを削除する
```

続きのelifと入れ子のifですね。
では、手順の❹の部分を作っていきましょうか。

◆ ［世界史］が選択されていて学習フラグが「0」の場合の処理（ray_form.py）

```
def talk():
    ......❶～❷の処理省略......
    if not value:                           ——— ❸の処理
        ......省略......
    elif subject==0 and study==0:           ——— ❹の処理
        # 入力文字列を引数にしてdialogue()の結果を取得
        response = ray.dialogue(value, subject, study, what)
        # 応答メッセージを表示
        response_area.configure(text=response)
        # 応答メッセージの先頭が'わかんないよ～'であるか
        m = re.match('わかんないよ～', response)
        # 'わかんないよ～'であれば学習フラグを立てて質問をwhatに代入
        if m:
            study = 1                        ——— studyの値を1にする
            what = value                     ——— whatに質問の文字列を代入する
        # 入力ボックスをクリア
        entry.delete(0, tk.END)
```

手順の❹の最初のelifの条件式は「subject
==0 and study==0」です。これで**世界史**ア
イテムが選択されていて、なおかつ学習フラグ
が「0」、つまり、質問が入力されていることが
わかります。そうであれば、Rayクラスの
dialogue() メソッドを呼び出します。

◆**dialogue() メソッドの実行**

```
response = ray.dialogue(
    value,          ──── 入力ボックスの文字列
    subject,        ──── どのアイテムが選択されているかを示す値
    study,          ──── 学習フラグ
    what            ──── わからなかった質問
)
```

dialogue() メソッドには4つのパラメー
ターがありました。これに合わせて、4つの引
数をセットしています。

これで、変数responseに応答の文字列が代
入されますので、次の行に書いてある

```
response_area.configure(text=response)
```

で応答エリア (Label) に表示すれば、レイの応
答が画面で見られることになります。

Rayクラスのdialogue() メソッ
ドは、4つの引数を受け取って、選
択されたアイテムと学習フラグの
値によってHistoryResponderクラス、または
StudyHistoryResponderクラスのresponse()
メソッドを呼び分けるようになっているんだ
ネ。

◆**Ray クラスの dialogue() メソッド**

```
def dialogue(self, input, subject, study, what):
    # 世界史のモードであり、かつ質問であれば実行される
    if subject == 0 and study == 0:
        ...世界史の応答オブジェクトをself.responderに代入...
    # 世界史のモードであり、答えが入力されたときに実行される
    elif subject == 0 and study == 1:
        ...世界史の学習オブジェクトをself.responderに代入...
    # 応答を返す
    return self.responder.response(input, what)
```

self.responderのオブジェクトによってHistoryResponder、または
StudyHistoryResponderのresponse() メソッドが実行される

入力ボックスに入力された場合の処理（手順❺）

あとは、博士から示された手順の❺、**世界史**が選択されていて、学習フラグstudyが「1」になっているときの処理ですね。わからなかった質問に対する答えが入力されたときの処理です。

●科目のフラグsubjectが「0」（[世界史]を選択）かつ、学習フラグstudyが「1」である❺

> ●入力された文字列やフラグの情報を引数にしてRayクラスのdialogue()メソッドを実行
>
> ●dialogue()メソッドから返された文字列を応答エリアに表示
>
> ●studyの値を「0」（質問モード）に戻す
>
> ●whatの中身をクリア（空文字）にする
>
> ●最後に入力ボックスをクリアする

では、順番に書いていくことにします。

◆ [世界史] が選択されていて学習フラグが「1」の場合の処理（**ray_form.py**）

```
def talk():
    ......❶〜❷の処理省略......
    if not value:                          ──────❸の処理
        ......省略......
    elif subject==0 and study==0:          ──────❹の処理
        ......省略......
    # 教えてもらった答えを辞書に記録する
    elif subject==0 and study==1:
        # 入力文字列を引数にしてdialogue()の結果を取得
        response = ray.dialogue(value, subject, study, what)
        # 応答メッセージを表示
        response_area.configure(text=response)
        # フラグを戻す
        study = 0
        # whatをクリア
        what = ''
        # 入力ボックスをクリア
        entry.delete(0, tk.END)
```

「elif subject==0 and study==1:」で**世界史**が選択されていることと、学習フラグが「1」になっていることを確認します。質問に答えられなかったときはstudyの値が「1」になっているので、学習するための処理を開始します。

現状で入力されている文字列は質問の答え

なので、これを引数にしてdialogue() メソッドを呼び出せば、辞書への登録が行われ、'学習したよ～'という応答が返ってきます。

あとは、手順どおりに応答をListに表示し、studyの値を0に、whatの中身を空文字にして入力ボックスをクリアすれば完了です。

▦ ［入力］ボタンクリックで talk() 関数を 呼び出すようにする

あとは、［入力］ボタンをクリックしたときにtalk()関数を呼び出すようにすればいいですね。でもどうやって？

メニューアイテムのときにも使ったけど、Button オブジェクトを生成する際に、名前付きパラメーターのcommandを使って「command=呼び出す関数／メソッド名」のように書けば、呼び出せるようになるヨ。

◆**ボタンクリックでtalk()関数を呼び出す（ray_form.py）**

```python
def run():
    ...省略...

    # ボタンの作成
    button = tk.Button(
                frame,                  # 親要素はフレーム
                width=15,               # 幅を設定
                text='入力',            # ボタンに表示するテキスト
                command=talk            # クリック時にtalk()関数を呼ぶ
    )
    button.pack(side = tk.LEFT)         # フレームに左詰めで配置する
    frame.place(x=30, y=420)           # フレームを画面上に配置
```

これでGUI版レイの完成です。
次回は、プログラムの全体を見直して動作を確認してみることにします。

08 GUI版レイの全体像、そして動作確認

GUI版レイは、GUIの表示を行うモジュール、それにレイの本体クラスに応答クラス、辞書クラスなど、複数のモジュールで成り立っています。

⬚ GUIを表示する「ray_form.py」

まずは、ray_formモジュールからです。実行ブロックのrun()でレイのGUIを起動します。

プログラムの起点がここにあるので、GUI版レイを起動するときは、「ray_form.py」を実行することになります。

◆ GUI版レイの起点になるGUI表示モジュール（ray_form.py）

```python
from ray import *
import tkinter as tk
import tkinter.messagebox
import re

""" グローバル変数の定義
"""
entry = None            # 入力エリアのオブジェクトを保持
response_area = None    # 応答エリアのオブジェクトを保持
action = None           # '科目'メニューの状態を保持
ray = Ray()             # Rayオブジェクトを保持
study = 0               # 質問か答えかを判別するためのフラグ
what = ''               # わからない質問を保持する変数


# 対話を行う関数
def talk():
    global study, what

    value = entry.get()
    subject = action.get()
    print('Formsubject==',subject)
    print('Formstudy==',study)
    # 入力エリアが未入力の場合
    if not value:
```

```python
        response_area.configure(text='なに？')
    elif subject==0 and study==0:
        # 入力文字列を引数にしてdialogue()の結果を取得
        response = ray.dialogue(value, subject, study, what)
        # 応答メッセージを表示
        response_area.configure(text=response)
        # フラグを立てる
        m = re.match('わかんないよ～', response)
        print('m===',m)
        if m:
            study = 1
            what = value
        # 入力ボックスをクリア
        entry.delete(0, tk.END)
    # 教えてもらった答えを辞書に記録する
    elif subject==0 and study==1:
        # 入力文字列を引数にしてdialogue()の結果を取得
        response = ray.dialogue(value, subject, study, what)
        # 応答メッセージを表示
        response_area.configure(text=response)
        # フラグを戻す
        study = 0
        # whatをクリア
        what = ''
        # 入力ボックスをクリア
        entry.delete(0, tk.END)


#===================================================
# 画面を描画する関数
#===================================================
def run():
    # グローバル変数を使用するための記述
    global entry, response_area, action

    # メインウィンドウを作成
    root = tk.Tk()
    # ウィンドウのサイズを設定
    root.geometry('880x460')
    # ウィンドウのタイトルを設定
```

```python
root.title('Super Bot --Ray-- : ')
# フォントの用意
font=('Helevetica', 14)
def callback():
    """ 終了時の処理
    """
    # メッセージボックスの [OK] ボタンクリック時の処理
    if tkinter.messagebox.askyesno(
        'Quit?', '辞書を更新してもいい？'):
        ray.save()  # 記憶メソッド実行
        root.destroy()
                                # [キャンセル] ボタンクリック

    else:
        root.destroy()


root.protocol('WM_DELETE_WINDOW', callback)


# メニューバーの作成
menubar = tk.Menu(root)
root.config(menu=menubar)
#「ファイル」メニュー
filemenu = tk.Menu(menubar)
menubar.add_cascade(label='ファイル', menu=filemenu)
filemenu.add_command(label='閉じる', command=callback)
# 「科目」メニュー
action = tk.IntVar()
optionmenu = tk.Menu(menubar)
menubar.add_cascade(label='科目', menu=optionmenu)
optionmenu.add_radiobutton(
    label='世界史',              # アイテム名
    variable = action,          # 選択時の値を格納するオブジェクト
    value = 0                   # アイテムの値を 0 にする
)
optionmenu.add_radiobutton(
    label='英語 (単語)',          # アイテム名
    variable = action,          # 選択時の値を格納するオブジェクト
    value = 1                   # アイテムの値を 0 にする
)
# キャンバスの作成
```

```python
canvas = tk.Canvas(
            root,                    # 親要素をメインウィンドウに設定
            width = 870,             # 幅を設定
            height = 200,            # 高さを設定
            relief=tk.RIDGE,         # 枠線を表示
            bd=2                     # 枠線の幅を設定
        )
canvas.place(x=1, y=0)              # メインウィンドウ上に配置

img = tk.PhotoImage(               # 表示するイメージを用意
    file = 'img1.gif'
)
canvas.create_image(               # キャンバス上にイメージを配置
    0,                             # x座標
    0,                             # y座標
    image = img,                   # 配置するイメージオブジェクトを指定
    anchor = tk.NW                 # 配置の起点となる位置を左上隅に指定
)

# 応答エリアを作成
response_area = tk.Label(
    root,                          # 親要素をメインウィンドウに設定
    width=86,                      # 幅を設定
    height=10,                     # 高さを設定
    bg='LightSkyBlue',             # 背景色を設定
    font=font,                     # フォントを設定
    relief=tk.RIDGE,               # 枠線の種類を設定
    bd=2                           # 枠線の幅を設定
)
response_area.place(               # メインウィンドウ上に配置
    x=6, y=210
)


# フレームの作成
frame = tk.Frame(
    root,                          # 親要素はメインウィンドウ
    relief=tk.RIDGE,               # ボーダーの種類
    borderwidth = 4                # ボーダー幅を設定
```

```
            )
            # 入力ボックスの作成
    entry = tk.Entry(
                frame,                  # 親要素はフレーム
                width=70,               # 幅を設定
                font=font               # フォントを設定
            )
    entry.pack(side = tk.LEFT)          # フレームに左詰めで配置する
    entry.focus_set()                   # 入力ボックスにフォーカスを当てる
    # ボタンの作成
    button = tk.Button(
                frame,                  # 親要素はフレーム
                width=15,               # 幅を設定
                text='入力',            # ボタンに表示するテキスト
                command=talk            # クリック時にtalk()関数を呼ぶ
            )
    button.pack(side = tk.LEFT)         # フレームに左詰めで配置する
    frame.place(x=30, y=420)            # フレームを画面上に配置


    # メインループ
    root.mainloop()


#==================================================
# プログラムの起点
#==================================================
if __name__ == '__main__':
    run()
```

rayFormモジュールはプログラムの起点なので、GUIの生成だけでなくRayクラスのインスタンス化も行うのがポイントですね。

レイの本体クラス（ray.py）

レイの本体、Rayクラスを収めたモジュールです。

◆ ray.py

```python
from responder import *
from dictionary import *


# Rayの本体クラス
class Ray:
    def __init__(self):
        # 辞書オブジェクトDictionaryを生成
        self.__dictionary = Dictionary()


        # 世界史の応答オブジェクトを生成
        self.__res_history = HistoryResponder(self.__dictionary)
        # 世界史の学習オブジェクトを生成
        self.__study_history = StudyHistoryResponder(self.__dictionary)


    def dialogue(self, input, subject, study, what):
        # 世界史のモードであり、かつ最初の質問であれば実行される
        if subject == 0 and study == 0:
            # 世界史の応答オブジェクトをself.responderに代入
            self.responder =  self.res_history
        # 世界史のモードであり、答えが入力されたときに実行される
        elif subject == 0 and study == 1:
            # 世界史の学習オブジェクトをself.responderに代入
            self.responder =  self.study_history
        # 応答を返す
        return self.responder.response(input, what)


    def save(self):
        """ Dictionaryのsave()を呼ぶ中継メソッド
        """
        self.dictionary.save()


    # dictionaryプロパティ
```

Chapter 1 Chapter 2 Chapter 3 Chapter 4 Chapter 5 Chapter 6 Chapter 7

```
        @property
        def dictionary(self):
            return self.__dictionary


        # res_historyプロパティ
        @property
        def res_history(self):
            return self.__res_history


        # study_historyプロパティ
        @property
        def study_history(self):
            return self.__study_history


#====================================================
#  プログラムの実行ブロック
#====================================================
if __name__ == '__main__':
    ray = Ray()
    ans = ray.dialogue('世界四大文明', 0, 0, '')
    print(ans)


    ans = ray.dialogue('アレクサンドロス大王の後継者', 0, 0, '')
    print(ans)


    ans = ray.dialogue('ディアドコイ', 0, 1, 'アレクサンドロス大王の後継者')
    print(ans)
    print(ray.dictionary.history)


    ray.save()
```

応答を作るResponderクラスと2つのサブクラス（responder.py）

Rayクラスから呼ばれて応答を作るresponderモジュールには、スーパークラスResponderと2つのサブクラスHistoryResponder、StudyHistoryResponderが定義されています。

◆ **responder.py**

```python
from dictionary import *

class Responder:
    def __init__(self, dictionary):

        self.__dictionary = dictionary

    def response(self, input, what):
        return ''

    # __historyのゲッター
    def get_dictionary(self):
        return self.__dictionary
    # __historyのセッター
    def set_dictionary(self, dictionary):
        self.__history = history

    # historyプロパティの定義
    dictionary = property(get_dictionary, set_dictionary)
class HistoryResponder(Responder):
    def response(self, input, what):
        if input in self.dictionary.history:
            return '「' + self.dictionary.history[input] + '」だよ'
        else:
            return('わかんないよ～')

class StudyHistoryResponder(Responder):
    def response(self, input, what):
        self.dictionary.history[what] = input
        return '学習したよ～'
```

```
#==================================================
#  プログラムの実行ブロック
#==================================================
if __name__ == '__main__':

    #  辞書オブジェクトDictionaryを生成
    dictionary = Dictionary()
    history_resp = HistoryResponder(dictionary)
    ans = history_resp.response('世界四大文明', '')
    print(ans)
    study_resp = StudyHistoryResponder(dictionary)
    ans = study_resp.response('ディアドコイ', 'アレクサンドロス大王の後継者')
    print(dictionary.history)
```

⋮⋮⋮ 辞書を扱うDictionaryクラス（dictionary.py）

最後に、レイの知識の保管庫、
辞書を扱うDictionaryクラスで
す。

◆**dictionary.py**

```
class Dictionary:
    def __init__(self):
        #  辞書オブジェクトを作成
        self.__load_history()

    #  ファイルを読み込み、世界史の辞書オブジェクトを作成するメソッド
    def __load_history(self):
        with open('data/world_history.txt', 'r', encoding = 'utf_8'
                ) as file:
            #  1行ずつ読み込んでリストにする
            lines = file.readlines()
        #  末尾の改行を取り除いた行データを保持するリスト
        new_lines = []
        #  ファイルデータのリストから1行データを取り出す
        for line in lines:
            #  末尾の改行文字（¥n）を取り除く
            line = line.rstrip('¥n')
            #  空文字をチェック
```

```python
            if (line!=''):
                # 空文字以外をリストnew_linesに追加
                new_lines.append(line)
        # 行データの単語とその意味を要素にするリスト
        separate = []
        # 末尾の改行を取り除いたリストから1行データを取り出す
        for line in new_lines:
            # タブで分割して質問と答えのリストを作る
            sp = line.split('¥t')
            # リストseparateに追加する
            separate.append(sp)
        # 「質問：答え」のかたちで辞書オブジェクトにする
        self.__history = dict(separate)

    # 辞書ファイルに書き込むメソッド
    def save(self):
        write_lines = []
        for key, val in self.history.items():
            write_lines.append(key + '¥t' + val + '¥n')
        with open('data/world_history.txt', 'w', encoding = 'utf_8') as f:
            f.writelines(write_lines)

    # __historyのゲッター
    def get_history(self):
        return self.__history
    # __historyのセッター
    def set_history(self, history):
        self.__history = history

    # historyプロパティの定義
    history = property(get_history, set_history)
#==================================================
# プログラムの実行ブロック
#==================================================
if __name__ == '__main__':

    # 辞書オブジェクトDictionaryを生成
    dictionary = Dictionary()
    print(dictionary.history)
    dictionary.save()
```

⠿GUI版レイの動作確認

では、「ray_form.py」をインタラクティブシェルから実行してGUI版レイの動作を確認してみましょう。

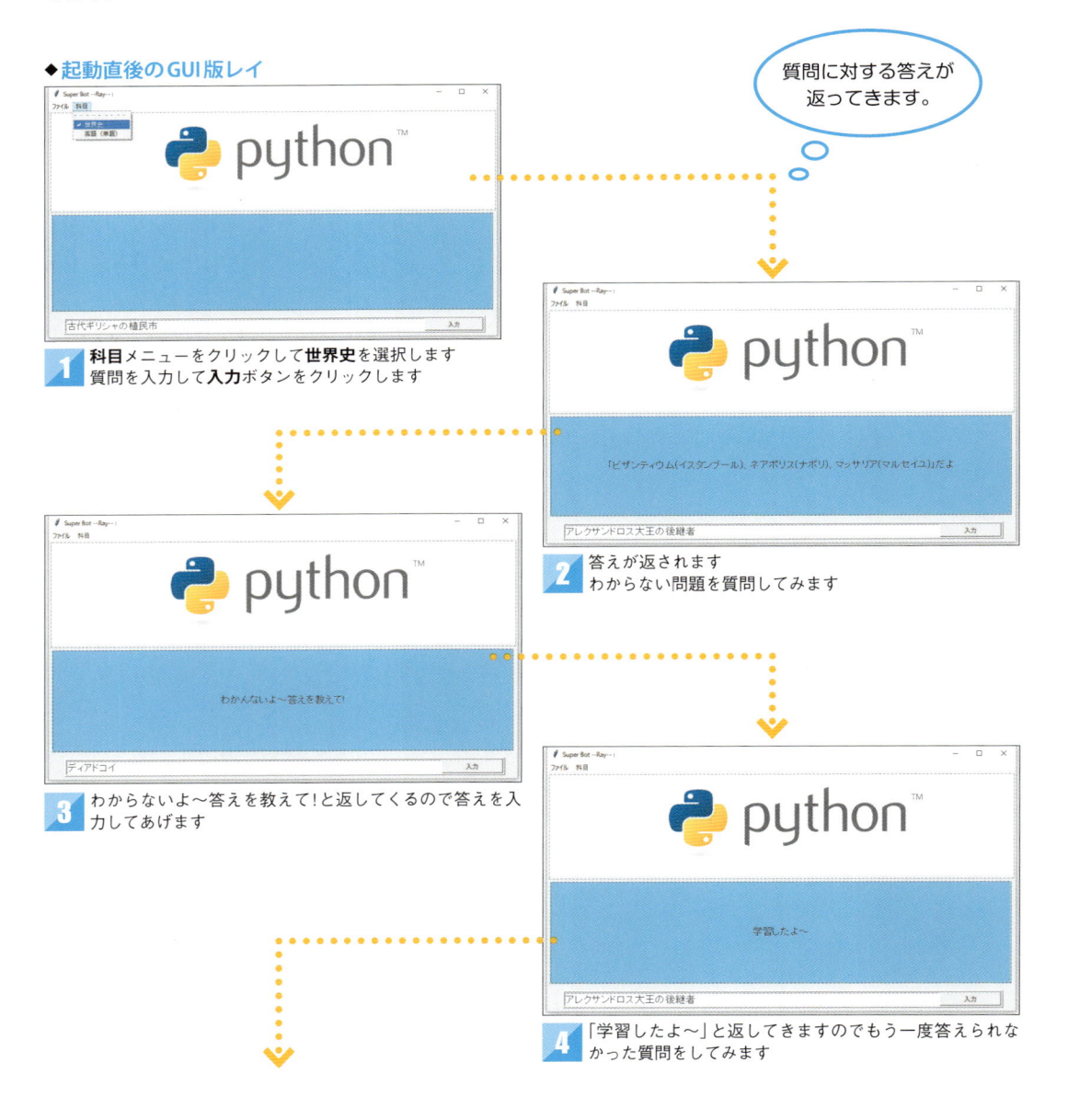

◆**起動直後のGUI版レイ**

1 科目メニューをクリックして**世界史**を選択します
質問を入力して**入力**ボタンをクリックします

質問に対する答えが返ってきます。

2 答えが返されます
わからない問題を質問してみます

3 わからないよ〜答えを教えて!と返してくるので答えを入力してあげます

4 「学習したよ〜」と返してきますのでもう一度答えられなかった質問をしてみます

GUI版ボット「レイ」の作成

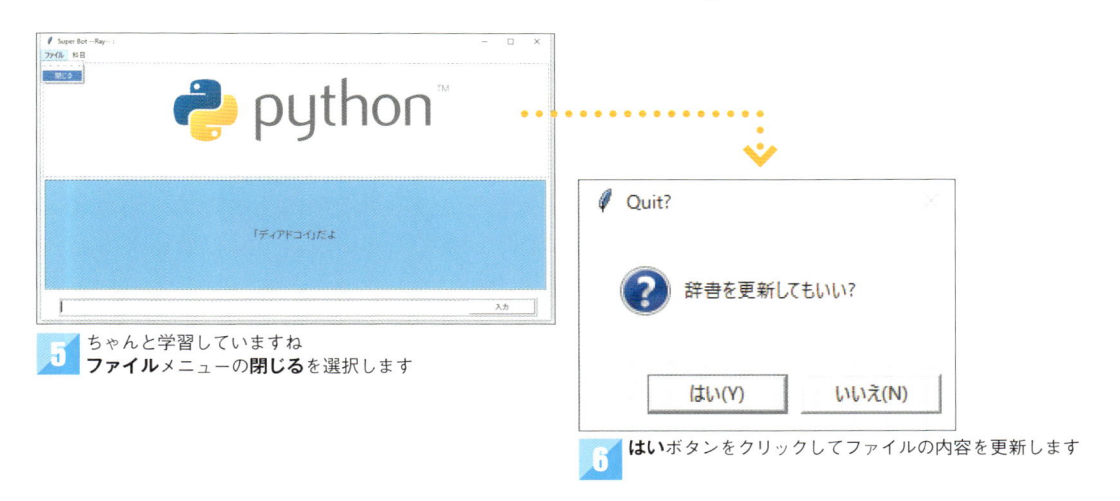

5 ちゃんと学習していますね
ファイルメニューの**閉じる**を選択します

6 **はい**ボタンをクリックしてファイルの内容を更新します

　知っている問題には答えを返し、わからなかった場合は、ちゃんと答えを学習しているようです。

　プログラムを終了するときにファイルを更新するようにしましたので、今回学習した内容がファイルに書き込まれ、レイの知識として蓄積されます。

　いまはまだ、解ける問題が少ないですが、こんな感じでたくさん学習させてあげれば、いろんな問題に答えられるようになるでしょう。

09 GUI版レイに英単語学習機能を移植する

以前に、英単語を入力すると単語の意味を答えるモジュールを作成しました。せっかくですので、GUI版レイに移植して英単語の意味も答えてもらうようにしましょう。

::: 英単語の辞書クラス WordsDictionary を作成する

Chapter5のセクション09で英単語を入力すると意味を答え、わからない単語があればその場で学習する「ray_anser_and_learning.py」というモジュールを作成しました。

今回は、そのモジュールを生かしつつ、中身をクラスに書き換えてGUI版レイに移植できるようにしてみることにします。

あと、英単語とその意味を記録するファイル「English_words」が必要なので、Chapter5のセクション09で使用したものを「data」フォルダーにコピーしておきました。

◆e_words_dictionary.py

```python
class WordsDictionary:
    def __init__(self):
        # 辞書オブジェクトを作成
        self.__load_words()


    words = {}
    def __load_words(self):
        with open('data/English_words.txt', 'r', encoding = 'utf_8'
                ) as file:
            lines = file.readlines()
        new_lines = []
        for line in lines:
            line = line.rstrip('¥n')
            if (line!=''):
                new_lines.append(line)
        separate = []
        for line in new_lines:
            sp = line.split('¥t')
            separate.append(sp)
        self.__words = dict(separate)
```

```python
    def save(self):
        write_lines = []
        for key, val in self.words.items():
            write_lines.append(key + '¥t' + val + '¥n')
        write_lines.sort()
        with open('data/English_words.txt', 'w', encoding = 'utf_8') as f:
            f.writelines(write_lines)


    # __wordsのゲッター
    def get_words(self):
        return self.__words
    # __wordsのセッター
    def set_wordst(self, words):
        self.__words = words


    # wordsプロパティの定義
    words = property(get_words, set_wordst)


#=================================================
#  プログラムの起点
#=================================================
if __name__ == '__main__':

    # 辞書オブジェクトWordsDictionaryを生成
    w_dictionary = WordsDictionary()
    print(w_dictionary.words)
    w_dictionary.save()
```

WordsDictionary クラスを作ったから、応答クラスとして
WordResponder、StudyWordResponder を追加しな
きゃですね。

287

::: Responderクラスにサブクラス WordResponder、StudyWordResponderを新設する

次に、Responderクラスのサブクラス WordResponder、StudyWordResponderを作成します。

WordResponderは入力された英単語の意味を答えるクラスで、StudyWordResponderは、わからなかった単語とその意味を学習するためのクラスです。

◆ サブクラス WordResponder、StudyWordResponder の作成（responder.py）

```python
from dictionary import *
from e_words_dictionary import *

class Responder:
    def __init__(self, dictionary):

        self.__dictionary = dictionary

    def response(self, input, what):
        return ''

    # __dictionaryのゲッター
    def get_dictionary(self):
        return self.__dictionary
    # __dictionaryのセッター
    def set_dictionary(self, dictionary):
        self.__dictionary = dictionary

    # dictionaryプロパティの定義
    dictionary = property(get_dictionary, set_dictionary)


class HistoryResponder(Responder):
    def response(self, input, what):
        if input in self.dictionary.history:
            return '「' + self.dictionary.history[input] + '」だよ'
        else:
            return('わかんないよ～答えを教えて！')

class StudyHistoryResponder(Responder):
```

```python
    def response(self, input, what):
        self.dictionary.history[what] = input
        return '学習したよ～'


class WordResponder(Responder):
    def response(self, input, what):
        if input in self.dictionary.words:
            return '「' + self.dictionary.words[input] + '」だよ'
        else:
            return('わかんないよ～答えを教えて！')


class StudyWordResponder(Responder):
    def response(self, input, what):
        self.dictionary.words[what] = input
        return '学習したよ～'


#===================================================
#  プログラムの実行ブロック
#===================================================
if __name__ == '__main__':

    # 辞書オブジェクトDictionaryを生成
    dictionary = Dictionary()
    history_resp = HistoryResponder(dictionary)
    ans = history_resp.response('世界四大文明', '')
    print(ans)
    study_resp = StudyHistoryResponder(dictionary)
    ans = study_resp.response('ディアドコイ', 'アレクサンドロス大王の後継者')
    print(dictionary.history)

    # 辞書オブジェクトWordsDictionaryを生成
    dictionary = WordsDictionary()
    word_resp = WordResponder(dictionary)
    ans = word_resp.response('anticipate', '')
    print(ans)
    study_word = StudyWordResponder(dictionary)
    ans = study_word.response('variation', '変化、変動')
    print(dictionary.words)
```

::: Ray クラスを改造する

新たに WordsDictionary クラスが加わりましたので、英単語の辞書オブジェクトとして生成することにします。

また、英単語の応答クラス WordResponder と学習クラス StudyWordResponder が新設されましたので、それぞれインスタンス化してオブジェクトを生成します。

あとは、dialogue() メソッド内部において、**科目**メニューで**英語 (単語)** が選択されているときの質問 (英単語) に答える処理と、単語の意味がわからなかった場合に学習するための処理を追加します。

◆ **Ray クラスの書き換え（ray.py）**

```python
from responder import *
from dictionary import *
from e_words_dictionary import *

# Rayの本体クラス
class Ray:
    def __init__(self):
        # 辞書オブジェクトDictionaryを生成
        self.__dictionary = Dictionary()
        # 世界史の応答オブジェクトを生成
        self.__res_history = HistoryResponder(self.__dictionary)
        # 世界史の学習オブジェクトを生成
        self.__study_history = StudyHistoryResponder(self.__dictionary)

        # 英単語の辞書オブジェクトWordsDictionaryを生成
        self.__words_dictionary = WordsDictionary()
        # 英単語の応答オブジェクトを生成
        self.__res_word = WordResponder(self.__words_dictionary)
        # 英単語の学習オブジェクトを生成
        self.__study_word = StudyWordResponder(self.__words_dictionary)

    def dialogue(self, input, subject, study, what):
        # 世界史のモードであり、かつ最初の質問であれば実行される
        if subject == 0 and study == 0:
            # 世界史の応答オブジェクトをself.responderに代入
            self.responder =  self.res_history
        # 世界史のモードであり、答えが入力されたときに実行される
```

```
        elif subject == 0 and study == 1:
            # 世界史の学習オブジェクトをself.responderに代入
            self.responder = self.study_history


        # 英単語のモードであり、かつ最初の質問であれば実行される
        elif subject == 1 and study == 0:
            # 英単語の応答オブジェクトをself.responderに代入
            self.responder = self.res_word
        # 英単語のモードであり、答えが入力されたときに実行される
        elif subject == 1 and study == 1:
            # 英単語の学習オブジェクトをself.responderに代入
            self.responder = self.study_word
        # 応答を返す
        return self.responder.response(input, what)

    def save(self):
        """ Dictionaryのsave()を呼ぶ中継メソッド
        """
        self.dictionary.save()
        self.words_dictionary.save()


    # dictionaryプロパティ
    @property
    def dictionary(self):
        return self.__dictionary


    # res_historyプロパティ
    @property
    def res_history(self):
        return self.__res_history


    # study_historyプロパティ
    @property
    def study_history(self):
        return self.__study_history


    # words_dictionaryプロパティ
    @property
    def words_dictionary(self):
```

```python
            return self.__words_dictionary

        # res_wordプロパティ
        @property
        def res_word(self):
            return self.__res_word

        # study_wordプロパティ
        @property
        def study_word(self):
            return self.__study_word


#===================================================
# プログラムの実行ブロック
#===================================================
if __name__ == '__main__':

    ray = Ray()
    ans = ray.dialogue('世界四大文明', 0, 0, '')
    print(ans)

    ans = ray.dialogue('アレクサンドロス大王の後継者', 0, 0, '')
    print(ans)

    ans = ray.dialogue('ディアドコイ', 0, 1, 'アレクサンドロス大王の後継者')
    print(ans)
    print(ray.dictionary.history)

    ans = ray.dialogue('distinct', 1, 0, '')
    print('words==', ans)
    print(type(ray.responder))

    ans = ray.dialogue('variation', 1, 1, '変化、変動')
    print(ans)
    print(ray.words_dictionary.words)

    ray.save()
```

⸭⸭⸭ray_form.pyを改造する

わたし GUIを作るray_formモジュールでは、対話モードを切り替えるif...elifに、**科目**で**英語（単語）**が選 択されているときのelifを書き加えます。

◆ **ray_form.py**

```
from ray import *
import tkinter as tk
import tkinter.messagebox
import re


""" グローバル変数の定義
"""
entry = None            # 入力エリアのオブジェクトを保持
response_area = None    # 応答エリアのオブジェクトを保持
action = None           # '科目'メニューの状態を保持
ray = Ray()             # Rayオブジェクトを保持
study = 0               # 質問か答えかを判別するためのフラグ
what = ''               # わからない質問を保持する変数


# 対話を行う関数
def talk():
    global study, what

    value = entry.get()
    subject = action.get()
    print('Formsubject==',subject)
    print('Formstudy==',study)
    # 入力エリアが未入力の場合
    if not value:
        response_area.configure(text='なに？')
    # [科目]で[世界史]が選択されていて質問の場合の処理
    elif subject==0 and study==0:
        # 入力文字列を引数にしてdialogue()の結果を取得
        response = ray.dialogue(value, subject, study, what)
        # 応答メッセージを表示
        response_area.configure(text=response)
        # フラグを立てる
```

```
            m = re.match('わかんないよ～', response)
            print('m===',m)
            if m:
                study = 1
                what = value
            # 入力ボックスをクリア
            entry.delete(0, tk.END)


        # 教えてもらった答えを辞書に記録する
        elif subject==0 and study==1:
            # 入力文字列を引数にしてdialogue()の結果を取得
            response = ray.dialogue(value, subject, study, what)
            # 応答メッセージを表示
            response_area.configure(text=response)
            # フラグを戻す
            study = 0
            # whatをクリア
            what = ''
            # 入力ボックスをクリア
            entry.delete(0, tk.END)

        # [科目]で[英語（単語）]が選択されていて意味を聞かれているときの処理
        elif subject==1 and study==0:
            # 入力文字列を引数にしてdialogue()の結果を取得
            response = ray.dialogue(value, subject, study, what)
            # 応答メッセージを表示
            response_area.configure(text=response)
            # フラグを立てる
            m = re.match('わかんないよ～', response)
            print('m===',m)
            if m:
                study = 1
                what = value
            # 入力ボックスをクリア
            entry.delete(0, tk.END)

        # 教えてもらった答えを辞書に記録する
        elif subject==1 and study==1:
            # 入力文字列を引数にしてdialogue()の結果を取得
```

```
        response = ray.dialogue(value, subject, study, what)
        # 応答メッセージを表示
        response_area.configure(text=response)
        # フラグを戻す
        study = 0
        # whatをクリア
        what = ''
        # 入力ボックスをクリア
        entry.delete(0, tk.END)


#=====================================================
# 画面を描画する関数
#=====================================================
‥‥‥‥省略‥‥‥‥


#=====================================================
# プログラムの起点
#=====================================================
if __name__ == '__main__':
    run()
```

::::: 英単語学習機能を移植したGUI版レイの動作確認

　　　これで、GUI版レイは、英単語の意味を答え、わからない単語があれば学習する機能を備えました。さっそく試してみましょう。

　科目メニューで**英語（単語）**を選択し、英単語を入力して反応を見てみましょう。

　うまく反応したみたいです。わからない単語があれば、単語の意味を入力してもらって学習しています。

Index

Index

■本文イラスト　中西　隆浩

はじめての
PythonAI プログラミング

発行日	2016年11月 6日	第1版第1刷

著　者　金城　俊哉

発行者　斉藤　和邦
発行所　株式会社　秀和システム
　　　　〒104-0045
　　　　東京都中央区築地2丁目1−17　陽光築地ビル4階
　　　　Tel 03-6264-3105（販売）Fax 03-6264-3094
印刷所　株式会社ウイル・コーポレーション
製本所　株式会社ジーブック

ISBN978-4-7980-4485-9 C3055

パソコン書籍のパイオニア
はじめての... シリーズのご案内

はじめての Windows 10 基本編
Anniversary Update対応

戸内順一
定価（本体1000円＋税）

無料電子書籍ダウンロード特典付

本書はWindows10をはじめて使う人のために機能や操作の手順を図解で詳しく説明しています。2016年8月の「Anniversary Update」によりスタートメニューが復活し、タブレットモードが追加されるなど、より使いやすくなりました。本書では、このアップデートに対応した、新しいスタート画面の使い方、メールの設定、Skypeなどの付属アプリの使い方までわかります。

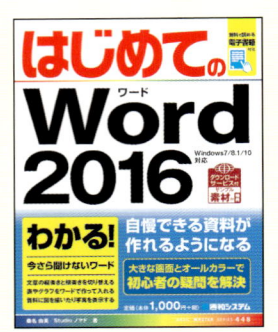

はじめての Word 2016

桑名由美 / Studio ノマド
定価（本体1000円＋税）

サンプルダウンロードサービス付
無料電子書籍ダウンロード特典付

本書は、Wordで文書を作成するのに必要な操作を、基本から丁寧に解説した入門書です。はじめてWordを使う人や、パソコン操作に慣れていない人でもスムーズに読み進められるよう、「こういうことをやるにはどう操作するの？」「こんなときはどうすればいいの？」といった疑問を解決できる構成になっています。

はじめての Excel 2016

リブロワークス
定価（本体1000円＋税）

サンプルダウンロードサービス付
無料電子書籍ダウンロード特典付

本書は、はじめてExcel 2016を使う人に「Excelとは何ができるソフトなのか」から「実際にExcelで仕事で使える表を作る操作」まで丁寧に説明した入門書です。特に仕事で直面することが多い項目を選んで操作解説をしています。そのため、仕事や勉強にすぐに使える役立つ内容をスムーズに学習して実践することができます。

はじめての PowerPoint 2016

髙橋慈子 / 冨永敦子
定価（本体1200円＋税）

サンプルダウンロードサービス付
無料電子書籍ダウンロード特典付

本書は、プレゼンの必須ソフトPowerPointを、基本から丁寧に解説した入門書です。「PowerPointでどうプレゼンするの？」「プレゼンには何が必要？」など、初心者の疑問を解決し、プレゼンの基本についてもわかる構成になっています。実際にプレゼンで使える、著作権フリーのクリップアート付き！

はじめての Access 2016

小笠原種高 / 大澤文孝
定価（本体1700円＋税）

サンプルダウンロードサービス付
無料電子書籍ダウンロード特典付

Accessが覚えにくい原因は、最初に「データ定義、入力規則、出力フォーマット」などを作るので、「意味がわからないまま暗記をする」ことになり学習が進みません。そこで、本書ははじめに作るDBの全体像を説明してから操作手順の説明をしているので、なぜこの作業が必要かを理解して読み進めることができる構成になっています。

はじめての Word&Excel 2016

Studio ノマド
定価（本体1880円＋税）

サンプルダウンロードサービス付
無料電子書籍ダウンロード特典付

本書は、WordとExcelをはじめて使う人、バージョンアップで使い方がわからなくなった人のために基本から応用まで、わかりやすい紙面で解説した入門書です。年賀状の住所管理や印刷、エクセルの表をワードに一発コピーなど、本書ならではの便利な連携技も紹介しています。文書作成から表計算と印刷まで1冊にまとまってお得です。